Julia Löhr

Die geheimen Fragen der Personalberater

Julia Löhr

Die geheimen Fragen der Personalberater

Vom ersten Anruf bis zum Management Audit

So sind Sie für alle Fälle gewappnet

Frankfurter Allgemeine Buch

Bibliografische Informationen der Deutschen Nationalbibliothek
Die Deutsche Nationalbibliothek verzeichnet diese Publikation
in der Deutschen Nationalbibliografie; detaillierte bibliografische
Daten sind im Internet über http://dnb.d-nb.de abrufbar.

Julia Löhr

Die geheimen Fragen der Personalberater
Vom ersten Anruf bis zum Management Audit
So sind Sie für alle Fälle gewappnet

F.A.Z.-Institut für Management-,
Markt- und Medieninformationen GmbH
Frankfurt am Main 2010

ISBN 978-3-89981-222-0

𝔉𝔯𝔞𝔫𝔣𝔣𝔲𝔯𝔱𝔢𝔯 𝔄𝔩𝔩𝔤𝔢𝔪𝔢𝔦𝔫𝔢 **Buch**

Copyright	F.A.Z.-Institut für Management-, Markt- und Medieninformationen GmbH Mainzer Landstraße 199 60326 Frankfurt am Main
Umschlaggestaltung	F.A.Z., Verlagsgrafik
Titelbild	Karsten Schreurs, GROBI Grafik & Illustration
Satz Innen	Nicole Bergmann
Druck	Messedruck Leipzig GmbH, Leipzig

Printed in Germany

Inhalt

Vorwort

Headhunting ist ein schillernder Begriff. Er klingt nach mächtigen Männern in dunklen Anzügen, die sich an geheimen Orten treffen, um die wichtigsten Führungspositionen der deutschen Wirtschaft zu besetzen. Die Branche umgibt etwas Mysteriöses, was vor allem daran liegt, dass Headhunter – oder wie sie sich selbst lieber nennen: Personalberater – ungern über sich und ihre Arbeit reden, über das Vermitteln von Menschen von einem Arbeitgeber zum anderen. Weil das immer ein wenig nach Partnervermittlung klingt oder, schlimmer noch, wie moderner Menschenhandel. So kommt es, dass sich um diesen Wirtschaftszweig viele Geschichten ranken, die mit der Realität oft nur wenig zu tun haben.

Natürlich gibt es Personalberater, die sich ausschließlich in exklusiven Zirkeln der Macht bewegen, die sich darauf spezialisiert haben, Vorstands- und Aufsichtsratspositionen in den größten Unternehmen Deutschlands zu besetzen. Doch das ist nur ein kleiner Ausschnitt des Marktes. Die große Mehrheit der hierzulande tätigen Personalberater kümmert sich nicht um die Chefetagen, sondern um die Ebenen darunter: Sie sucht Köpfe für Führungspositionen in der zweiten und dritten Reihe und in zunehmendem Maße auch für Fachpositionen, für die spezielle Kenntnisse und einige Jahre Berufserfahrung erforderlich sind.

Personalberatung hat sich längst zu einem milliardenschweren Geschäft entwickelt. Rund 70.000 Suchaufträge wickeln Headhunter Schätzungen zufolge jedes Jahr ab. Diese Aufträge ziehen sich quer durch alle Branchen. Mal sucht ein Unternehmen einen Marketingleiter, mal einen Controller. Auch Positionen für Ingenieure, Vertriebsprofis, Kulturmanager und Ärzte füllen die Auftragsbücher der Beratungsgesellschaften. Wann immer Unternehmen Probleme haben, eine

Stelle selbst zu besetzen, bitten sie Personalberater, auf die Suche zu gehen. Und das kommt immer häufiger vor.

Durch die zunehmende Überalterung der Gesellschaft dürften in den kommenden Jahren nicht nur Ingenieure knapp werden, sondern auch Fachleute aus anderen Berufsgruppen. Die Wahrscheinlichkeit, dass gut ausgebildete Fach- und Führungskräfte im Laufe ihrer Karriere einmal mit einem Headhunter in Kontakt kommen und einen der ebenso erhofften wie gefürchteten „Können Sie frei sprechen?"-Anrufe erhalten, ist somit hoch. Es kann jeden treffen. Und wer bislang noch nicht angerufen wurde, der kann durchaus etwas nachhelfen.

Was viele nicht wissen: Mit diesem Anruf ist es längst noch nicht getan. Denn es ist nicht so, dass Personalberater sich einen interessanten Kandidaten ausgucken, ihm die Telefonnummer ihres Auftraggebers weitergeben und das war's. Bevor ein Headhunter den Kontakt zwischen einem Unternehmen und dem potentiellen neuen Mitarbeiter herstellt, spricht er mit vielen möglichen Kandidaten, macht sich in Telefonaten und persönlichen Treffen ein Bild von den Stärken und Schwächen. Bevor jemand das Unternehmen von sich überzeugen kann, muss er zunächst den Personalberater überzeugen.

Wie das geht, lesen Sie in diesem Buch. Es erklärt Ihnen, wie Sie Personalberater auf sich aufmerksam machen. Und es führt Sie durch die verschiedenen Stufen des Auswahlprozesses, vom ersten Telefonat über das persönliche Treffen bis hin zur Vertragsverhandlung. Sie erfahren, welche Fragen Headhunter gerne stellen und welche Antworten sie gerne hören – damit Sie ein souveräner und selbstbewusster Gesprächspartner sind. Denn genau das ist es, was Personalberater sich wünschen.

1 Mythos Headhunter –
Einblick in eine schillernde Branche

Warum es Personalberater gibt

Personalberater hassen es, wenn jemand sie als Headhunter bezeichnet. Zu martialisch klingt ihnen das. Auf keinen Fall wollen sie sich als Kopfgeldjäger verstanden wissen, die im Auftrag von Unternehmen A Konkurrent B einen Mitarbeiter abspenstig machen – so, wie das die Übersetzung des englischen Ausdrucks anklingen lässt. Das Wort Beratung hört sich dagegen deutlich seriöser und zurückhaltender an. Berater in allen Personalfragen: Das wollen die Vertreter dieser Spezies sein.

Es handelt sich um eine vergleichsweise junge Branche. Im Mutterland der Personalberatung, den Vereinigten Staaten von Amerika, gab es schon in den dreißiger Jahren die ersten Ansätze für diese Dienstleistung. Hierzulande hat es bis nach dem Zweiten Weltkrieg gedauert. Als Branchenpionier gilt dabei Gerhard Kienbaum, Gründer der gleichnamigen Beratungsgesellschaft aus Gummersbach.

Im Rahmen seiner Tätigkeit als Unternehmensberater wurde Gerhard Kienbaum in den fünfziger Jahren oft von seinen Klienten gefragt, ob er nicht gute Mitarbeiter empfehlen könnte. Was er dann auch tat, nachdem die entsprechenden Anfragen zunahmen. Bis Anfang der neunziger Jahre war es allerdings verboten, Führungskräfte direkt anzusprechen und ihnen ein Wechselangebot zu unterbreiten. Headhunter durften nur mit Duldung der Bundesanstalt für Arbeit tätig werden, und auch nur im Rahmen eines Unternehmensberatungsauftrags. Erst nachdem diese Regel fiel, wurde die Personalberatung zu einer zwar immer noch verhältnismäßig kleinen, aber durchaus bedeutenden Branche.

An der Funktion von Personalberatern hat sich seitdem nicht viel geändert: Personalberater kommen immer dann zum Einsatz, wenn ein Unternehmen eine freie Stelle zu besetzen hat, sich aber nicht selbst darum kümmern will oder kann. Das liegt oft daran, dass es sich um eine

Position handelt, für die spezielle Fachkenntnisse erforderlich sind, die keiner der Kandidaten aufweist, die eine Bewerbung an die Personalabteilung geschickt haben. Oder dass ein Unternehmen kaum Bewerbungen bekommt, weil es in einer Branche tätig ist, die auf den ersten Blick wenig attraktiv erscheint. Es kann aber auch sein, dass ein Arbeitgeber durchaus viele Interessenten für eine Position kennt und selbst ansprechen könnte, aber lieber einem Personalberater die Arbeit überlässt, den passenden Kandidaten auszuwählen. Denn Personalberater sparen Unternehmen Zeit, Arbeit und auch Kosten. Es gibt sie, weil Unternehmen diese Dienstleistung nachfragen. Headhunter sind also so etwas wie Unternehmensberater – und keine persönlichen Karriereberater.

Personalberater arbeiten für ein suchendes Unternehmen – und nicht für einen suchenden Kandidaten.

Rund 2.000 Personalberatungen sind derzeit in Deutschland tätig. Dort arbeiten mehr als 5.000 Berater, schätzt der Bundesverband Deutscher Unternehmensberater (BDU), in dem auch die Personalberater in einem Fachverband organisiert sind. Es gibt kaum eine Vorstands- oder Geschäftsführerposition, die heutzutage nicht über einen Personalberater vermittelt wird. Auch im mittleren Management, auf Abteilungs- und Bereichsleiterebene, ist es längst üblich, dass Unternehmen Stellen mit Hilfe eines Personalberaters besetzen. Ein Feld, in dem Personalberater dagegen selten aktiv sind, ist die Vermittlung von Hochschulabsolventen. Ihren Bedarf an Berufseinsteigern können Unternehmen in der Regel aus eigener Kraft decken. Außerdem rechnet sich das Vermitteln von Absolventen für Headhunter nicht: Berufseinsteiger verdienen vergleichsweise wenig, am Verdienst aber bemisst sich die Höhe des Honorars.

Wie rasant sich die Branche in den vergangenen Jahren entwickelt hat, zeigen die Umsatzzahlen: Nach dem Zusammenbruch des Neuen Marktes setzten die Personalberater lediglich 760 Millionen Euro im Jahr um. Seitdem haben sich die Erlöse verdoppelt. Ein Großteil des Jahresumsatzes von aktuell rund 1,5 Milliarden Euro entfällt dabei auf die wenigen großen Beratungsgesellschaften im Markt. Das sind die mit den meisten Mitarbeitern und den hochkarätigsten (und damit Umsatz bringenden) Führungspositionen im Auftragsbuch. Zu den wichtigsten

Namen in der Personalberatung zählen die großen, international tätigen Headhunting-Firmen, allen voran Egon Zehnder International, Heidrick & Struggles, Korn Ferry, Odgers Berndtson, Spencer Stuart. Diese Namen sollten Sie sich merken. Sollten Sie einmal einen Anruf dieser Gesellschaften bekommen, dann haben Sie es schon ziemlich weit gebracht.

	Gesamt-umsatz 2008	Honorar-umsatz	Unter-nehmens-wachstum 2008	Anzahl Berater 2008	Anzahl besetzte Positionen 2008	BDU-Mitglied
Kienbaum Executive Consultans GmbH	68,00 Mio. €	k.a.	4,60%	82	1.971	ja
Egon Zehnder International GmbH	66,40 Mio. €	66,40 Mio. €	13,50%	50	k.a.	nein
Baumann Unternehmensberatung AG	37,90 Mio. €	30,80 Mio. €	3,50%	68	1.236	ja
ODGERS BERNDTSON Unternehmens-beratung GmbH	34,30 Mio. €	30,50 Mio. €	–5,00%	30	596	nein
Heidrick & Struggles Unternehmens-beratung GmbH & Co. KG	28,20 Mio. €	k.a.	0,30%	30	385	nein
Heads! GmbH & Co. KG	23,00 Mio. €	23,00 Mio. €	9,50%	33	285	nein
Deininger Unternehmensberatung GmbH	22,70 Mio. €	21,10 Mio. €	4,00%	29	535	ja
Signium International GmbH & Co. KG	20,90 Mio. €*	k.a.	k.a.	k.a.	k.a.	nein
Delta Management Consultants GmbH	20,10 Mio. €	k.a.	10,00%	20	455	nein
Mercuri Urval GmbH	15,80 Mio. €	13,20 Mio. €	17,00%	49	379	nein
Gemini Executive Search GmbH	15,30 Mio. €	k.a.	0,00%	33	334	nein
Steinbach & Partner	14,15 Mio. €	11,13 Mio. €	8,00%	38	306	nein
CIVITAS INTERNATIONAL	12,90 Mio. €	12,90 Mio. €	–5,10%	9	155	nein
Dr. Heimeier & Partner Management- und Personalberatung GmbH	10,40 Mio. €	7,10 Mio. €	2,00%	14	264	ja
InterSearch Deutschland GmbH	10,30 Mio. €	8,50 Mio. €	8,00%	19	360	ja

Gesamtumsatz 2007

Abbildung 1: Übersicht der umsatzstärksten Gesellschaften in Deutschland (Quelle: BDU)

Wie Personalberater arbeiten

Personalberater ist keine geschützte Berufsbezeichnung. Daher kann sich theoretisch jeder Mensch so nennen, und es ist nicht verwunderlich, dass die Branche Menschen anzieht, die sich mit möglichst geringem Kapitaleinsatz selbständig machen wollen. Um Personalberater zu werden, bedarf es nicht mehr als eines Schreibtisches und eines Telefons. Wer als Kandidat mit einer kleineren Personalberatung in Kontakt kommt, sollte sich deshalb vor einem Gespräch erstmal ein Gefühl dafür verschaffen, wie vertrauenswürdig und erfahren die Gesellschaft ist. Ein

Kriterium dafür kann sein, ob sie Mitglied im Berufsverband ist. Auf der Internetseite des BDU (www.bdu.de) gibt es eine Liste mit allen Unternehmen.

Eine gute Personalberatung zeichnet sich nicht durch prunkvolle Geschäftsräume aus, sondern durch erfolgreiche Vermittlungen.

Lassen Sie sich nicht von Äußerlichkeiten leiten. Es kommt nicht auf eine prunkvolle Eingangshalle oder eine Schar von Mitarbeitern an. Entscheidend ist, welche Positionen der Personalberater in der Vergangenheit vermittelt hat. Die Frage nach Referenzkunden („In welchen Unternehmen haben Sie in der Vergangenheit welche Stellen besetzt?") werten seriöse Personalberater nicht als persönlichen Angriff, sondern als berechtigte Frage, anhand der ein Kandidat einschätzen will, ob er der Gesellschaft vertrauen kann.

Personalberater sollten immer mit einem konkreten Auftrag von einem Unternehmen ausgestattet sein. Sollte Sie einmal ein Personalberater ansprechen, der ohne konkreten Auftrag arbeitet, sollten Sie misstrauisch reagieren. Es gibt zwar einige Berater, die so vorgehen, doch seriös und erfolgversprechend ist das in den meisten Fällen nicht. Leisten können sich diese Arbeitsweise nur ganz wenige „alte Hasen", die schon seit Jahrzehnten im Geschäft sind und über vielfältige Kontakte in die Top-Etagen der Wirtschaft verfügen. Wenn diese Personalberater hören, dass in einem bedeutenden Unternehmen ein Vorstand geht, bringen sie mitunter auch ungefragt Namen ins Spiel.

Für weniger herausgehobene Fach- und Führungspositionen gilt dagegen: Vorsicht, wenn kein Auftrag vorliegt. Sammelt ein Personalberater ohne Mandat Informationen über Kandidaten, dann zwar auch, weil er hofft, dass es ihm gelingt, den ein oder anderen davon in ein Unternehmen zu vermitteln. Nur bleibt es eben meist bei der Hoffnung. Eine Stelle springt für Kandidaten in solchen Fällen in aller Regel nicht heraus, da die meisten Arbeitgeber bei dieser Vorgehensweise abwinken. Außerdem ist die Gefahr groß, dass solche Personalberater die eingesammelten Lebensläufe in erster Linie für ihr Eigenmarketing nutzen, um sich eine möglichst umfangreiche Datenbank aufzubauen – das Kapital eines jeden Personalberaters.

Der Grundsatz, dass seriöse Personalberater immer den Auftrag eines Unternehmens vorweisen können sollten, spiegelt sich auch in der Bezahlung wider: Die Rechnung des Beraters geht an das Unternehmen, das ihn beauftragt hat, und nicht an den Kandidaten.

Personalberater werden immer vom Unternehmen bezahlt – nie vom Kandidaten.

Der Arbeitgeber erteilt den Auftrag, also zahlt er auch dafür, dass er eine offene Stelle schnell und hoffentlich gut besetzt bekommt. Sollten Sie jemals mit einem selbsternannten Personalberater ins Gespräch kommen, der für das Weiterreichen Ihres Lebenslaufes Geld verlangt, dann ist das unseriös: Solche Vorgehensweisen sind in der Branche nicht üblich. Besser, Sie beenden das Gespräch an dieser Stelle.

Für eine erfolgreiche Vermittlung erhält ein Personalberater vom Unternehmen, das ihn beauftragt hat, im Schnitt ein Drittel des Brutto-Jahresgehalts der jeweiligen Position. Die entsprechende Rechengröße nennt sich in der Personalsprache Jahreszielvergütung. Sie umfasst neben den zwölf Grundgehältern plus Urlaubs- und Weihnachtsgeld auch weitere im Unternehmen übliche Sonderzahlungen. Auch ein fiktiver Bonus gehört dazu, wenn die Stelle eine erfolgsabhängige Vergütung vorsieht, was gerade in Führungspositionen meistens der Fall ist. Wie hoch der Bonus veranschlagt wird, orientiert sich daran, was der bisherige Stelleninhaber als erfolgsabhängige Vergütung erhalten hat.

Ergibt sich auf diese Weise zum Beispiel eine Jahreszielvergütung von 200.000 Euro, erhält der Personalberater für seine Dienste also knapp 67.000 Euro. Allerdings nicht auf einen Schlag, sondern gestaffelt in drei Teilbeträgen. Die erste Rate gibt es bei Auftragserteilung, die zweite Rate bei der Präsentation der besten Kandidaten und die dritte Rate nach erfolgreicher Vermittlung. Scheidet ein Kandidat gleich in den ersten Monaten nach Antritt der neuen Stelle wieder aus dem Unternehmen aus, etwa, weil die „Chemie" zwischen ihm und dem neuen Vorgesetzten nicht gestimmt hat, muss der Personalberater einen Teil seiner Vergütung wieder zurückzahlen – oder kostenlos nach Ersatz suchen. Vereinzelt gibt es auf Druck der Kunden auch reine Erfolgshonorare, was der Mehrheit der Personalberater aber sehr missfällt. Für sie grenzt diese Arbeitsweise an Wildwest-Methoden.

Häufig haben Personalberatungen für sich bestimmte Grenzen aufgestellt, ab wann sie überhaupt aktiv werden. In größeren Personalberatungen bewegt sich diese Grenze bei Bezügen von 100.000 Euro. Das heißt: So hoch muss die Jahreszielvergütung der Position mindestens sein, damit der Auftrag für die Personalberatung interessant ist. In kleineren Beratungsunternehmen liegt die Schwelle deutlich niedriger, sie werden mitunter auch schon bei Jahresgehältern von 50.000 Euro hellhörig und übernehmen einen Auftrag. Diese Unterschiede machen schon deutlich, dass Personalberater nicht gleich Personalberater ist, sondern dass es sich um einen zersplitterten Markt mit vielen verschiedenen Akteuren handelt.

Die großen Personalberatungen sind meist in Branchenteams strukturiert. Das heißt: Es gibt Berater, die kümmern sich ausschließlich um die Besetzung von Positionen in der Gesundheitsbranche, und es gibt welche, die nur in der Finanzbranche tätig sind. Daneben beschäftigen diese Gesellschaften Fachleute, die sich um die Besetzung von sogenannten Querschnittsfunktionen kümmern, zum Beispiel, wenn ein Unternehmen einen Marketingleiter oder einen Finanzvorstand sucht. Die auf solche Aufträge spezialisierten Berater schauen sich nicht nur innerhalb der Branche um, aus der ihr Auftraggeber kommt, etwa der Konsumgüterindustrie. Sondern sie prüfen auch, ob es nicht vielleicht in der Telekommunikationsbranche oder anderswo einen geeigneten Kandidaten geben könnte.

Nicht nur die Branchenspezialisierung ist in den internationalen Beratungsgesellschaften sehr ausgeprägt, das gleiche gilt für die Hierarchiestufen. Wenn Sie mit einer der großen Personalberatungen in Kontakt kommen, hat häufig zunächst ein sogenannter Researcher Informationen über Sie gesammelt. Hinter dieser Funktionsbezeichnung verbergen sich vielfach studentische Hilfskräfte, die den ganzen Tag über nichts anderes tun, als Informationen über potentielle Kandidaten zusammenzutragen. Die entsprechenden Abteilungen werden wahlweise „Research" (Recherche) oder „Ident" (Identifizierung) genannt.

Die Mitarbeiter der Personalberatungen holen umfangreiche Informationen ein, bevor sie einen Kandidaten kontaktieren.

An die Informationen kommen die Mitarbeiter der Research-Abteilungen auf den unterschiedlichsten Wegen. Mal sind es Organigramme, die Unternehmen auf ihre Internetseiten stellen, womit auch für Außenstehende leicht ersichtlich ist, wer welchen Bereich verantwortet. Auch die Profile in Business Communities im Internet wie Xing oder LinkedIn nutzen die Researcher, um nach Kandidaten zu suchen. Anschließend stellen sie mit Hilfe von Suchmaschinen wie Google alles zusammen, was sich über eine Person im Internet in Erfahrung bringen lässt. Unternehmensdatenbanken, wie beispielsweise von Hoppenstedt, dienen ebenfalls als Quelle.

Mitunter werden die Researcher damit beauftragt, jährlich die Kontaktdaten aller Mitarbeiter auf der ersten, zweiten und dritten Führungsriege in allen Unternehmen herauszufinden, die in einer bestimmten Branche von Bedeutung sind. Auf diese Weise ist die Datenbank der Personalberatung regelmäßig auf dem neusten Stand. Kommt ein Researcher mit öffentlich zugänglichen Quellen nicht weiter, bedient er sich unter Umständen anderer Mittel. Manchmal arbeiten Researcher zum Beispiel mit sogenannten Cover Stories: Sie geben sich als Kunde, Journalist oder Freund aus und versuchen, über die Zentralen und Sekretariate an Informationen über interessante Kandidaten zu kommen. Diese Suchmethode bewegt sich im Grenzbereich des Erlaubten. Verbreitet ist sie nicht, aber sie kommt gelegentlich vor.

Auf der nächsten Hierarchiestufe der Beratungsgesellschaften folgen nach den Researchern die eigentlichen Personalberater. Ein Team besteht häufig aus einem Berater, einem Researcher und einer Assistenz. Während sich die Tätigkeit der Researcher meist auf die Recherche beschränkt, ist es Aufgabe der Personalberater, die Gespräche mit den Kandidaten zu führen. Das fängt beim ersten telefonischen Kontakt an und geht bis zum persönlichen Treffen.

Über den Beratern stehen in der Hierarchieordnung der Beratungsgesellschaften die Partner, die häufig auch Geschäftsführer genannt werden. Gerade in großen Beratungsunternehmen sind sie nicht in jedes Gespräch eingebunden, sondern kommen nur dann hinzu, wenn es um eine besonders wichtige Position geht oder der Auswahlprozess schon weit fortgeschritten ist. Die Hauptaufgabe der Partner ist es, weitere Unternehmen als Kunden zu werben, um Folgeaufträge zu buhlen und die Arbeit in ihren Teams am Laufen zu halten. Über den Partnern selbst stehen schließlich noch die sogenannten Managing Partners oder Managing Directors, die Landeschefs einer Gesellschaft.

Auch wenn Personalberatungen letztlich alle mehr oder weniger dasselbe tun, so gibt es in ihrem Selbstverständnis doch große Unterschiede. Einer der Unterschiede, auf den in der Branche großen Wert gelegt wird, ist der zwischen Beratungsgesellschaften, die mittels Anzeigen nach Kandidaten suchen, und solchen, die allein auf die direkte Ansprache von Kandidaten aus der eigenen Datenbank oder über andere Kontakte vertrauen.

Beratungsgesellschaften, die allein mit der Direktansprache vorgehen, neigen dazu, über Konkurrenten, die auch Anzeigen in Zeitungen und Internetportalen schalten, abschätzig die Nase zu rümpfen: Ein wahrer Executive-Search-Berater kommt ohne so etwas aus, lautet ihre Devise. Das sehen die Anzeigen schaltenden Kollegen anders: Wer breiter sucht, findet die besseren Leute, argumentieren sie. Ein brancheninterner Streit, der Kandidaten nicht kümmern muss. Wer in einer Zeitungsanzeige eine interessante Stelle entdeckt, die über einen Personalberater vermittelt wird, kann sich guten Gewissens darauf bewerben.

Es gibt Personalberater, die Stellenanzeigen schalten, und andere, die darauf verzichten. Seriös sind beide Vorgehensweisen.

Mit der Direktansprache hat es übrigens auch zu tun, dass Personalberater nie von „Bewerbern" sprechen, sondern immer von „Kandidaten". Schließlich gehen sie im Auftrag eines Unternehmens auf potentielle Mitarbeiter zu, die eigentlich gar nicht auf dem Markt sind, um diese für ihren Auftraggeber zu gewinnen. Anders als bei gewöhnlichen Bewerbungen ist nicht der Mitarbeiter der aktive Part, sondern der Personalberater und damit indirekt der Arbeitgeber.

Neben den umsatzstarken Gesellschaften, die den Großteil der Führungspositionen unter sich ausmachen, gibt es noch viele kleine und wenig bekannte Personalberatungen landauf landab, hinter denen nicht selten nur ein einziger Mitarbeiter steht: der Geschäftsführer und Personalberater selbst. Viele der kleinen Beratungsgesellschaften haben sich – meist aus Kostengründen – auf eine bestimmte Branche spezialisiert. Etwa auf die Vermittlung von Anwälten oder von IT-Spezialisten.

Außerdem gibt es noch Unternehmen, die sich mit dem Etikett Personalberatung schmücken, aber eigentlich nichts anderes als Personalvermittler sind. Zu erkennen sind diese Gesellschaften oft daran, dass sie auch Zeitarbeitskräfte vermitteln. Der Unterschied zwischen einem Personalberater und einem Personalvermittler besteht darin, dass letztere weitgehend ungefiltert Lebensläufe weiterreichen, die sie auf Stellenanzeigen hin bekommen haben.

Damit keine Missverständnisse aufkommen: Diese Personalvermittler arbeiten – zumindest in aller Regel – durchaus seriös. Sie handeln im Auftrag eines Unternehmens. Meist suchen sie Kandidaten für Einstiegs- oder eher gering dotierte Fachpositionen, etwa Assistenzkräfte oder Finanzbuchhalter. Aber Kandidaten sollten sich bewusst sein, dass sie es in diesem Fall nicht mit einer echten Personalberatung zu tun haben, auch wenn sich die Unternehmen so nennen. Personalvermittler können für das Vermitteln einer Stelle hilfreich sein – den Weg für einen Aufstieg in die Top-Etagen bereiten sie aber nicht.

Wie die Suche abläuft

Am Anfang bespricht der Personalberater mit dem Auftraggeber, um was für eine Position es genau geht. Welche Aufgaben sind damit verbunden? Welche Verantwortung wird der Stelleninhaber tragen? Welche Kompetenzen sind für die Aufgabe nötig? Und welche Erfahrungen sollte ein Kandidat idealerweise mitbringen? Daneben werden die Fakten geklärt: Wann soll die Stelle besetzt werden? Wie hoch ist das angesetzte Gesamtgehalt? Wie sieht es mit Dienstwagen und anderen Extras aus? In welcher Stadt ist der Dienstsitz? Und so weiter. Aus den Angaben entwickelt der Personalberater ein Stellenprofil. Wenn alle Seiten einverstanden sind, ist der Auftrag erteilt und die Suche beginnt. Ferner werden die sogenannten Offlimit-Adressen definiert, die es in nahezu jedem Suchprojekt gibt: Das sind Namen von Unternehmen, die der Personalberater in der Suche meiden soll.

Um geeignete Kandidaten zu identifizieren, durchforsten anschließend die Mitarbeiter der Personalberatungen die interne Datenbank und ihre Kontaktkartei nach Menschen, die derzeit in ähnlicher Position bei einem Konkurrenzunternehmen tätig sind. Außerdem hören sie sich in Telefonaten oder bei Branchenveranstaltungen um, ob jemand vielleicht jemanden kennt, der auf ein solches Stellenprofil passen könnte. Die mit Anzeigen arbeitenden Personalberater schalten Anzeigen und sichten die eingehenden Bewerbungsmappen. Danach rufen die Berater Kandidaten an, die ihnen besonders interessant erscheinen, um einen ersten Eindruck von ihnen und ihrem Wechselinteresse zu bekommen.

Nach Ablauf dieser Vorarbeiten steht die „long list": eine Liste mit jenen Kandidaten, die es in die engere Auswahl geschafft haben und die der Personalberater persönlich kennenlernen will. Denn: Personalberater sind mehr als Stellenverschieber.

Ein seriöser Personalberater will den Kandidaten immer erst selbst persönlich kennenlernen, bevor er ihn einem Unternehmen empfiehlt.

Selbst wenn Sie noch so interessant sind: Erwarten Sie nicht, dass Ihnen der Personalberater die Nummer des Personalverantwortlichen im Unternehmen gibt und Sie dann direkt ein Treffen mit diesem vereinbaren. Der Verweis auf Ihre aktuelle Position und Ihre Bewerbungsmappe genügen einem Personalberater nicht. Er wird Sie immer zuerst von Angesicht zu Angesicht sehen wollen, bevor er entscheidet, ob er Sie seinem Kunden präsentiert.

Personalberater treffen zehn Kandidaten, um eine freie Stelle zu besetzen – so lautet die Faustregel in der Branche. Mitunter können es aber auch mal 20 oder mehr Kandidaten sein, bevor der Personalberater das Gefühl hat, geeignete Köpfe gefunden zu haben. Nach jedem Gespräch schreibt der Personalberater einen Bericht, in dem er seine Eindrücke notiert. Haben alle Gespräche stattgefunden, erstellen die Personalberater eine „short list" mit ungefähr fünf Kandidaten, die ihrer Meinung nach am besten auf die Stelle passen würden. Diese Liste wird dann mit dem Auftraggeber besprochen, gemeinsam wird sie auf zwei oder drei Kandidaten reduziert, die das Unternehmen in einer zweiten Gesprächsrunde selbst kennenlernen will. Bei diesen Gesprächen, die in aller Regel am Firmensitz stattfinden, ist auch der Personalberater wieder mit dabei. Zum guten Schluss verdichtet sich der Suchprozess auf einen Kandidaten – und wenn dieser immer noch Interesse hat, beginnen die Vertragshandlungen.

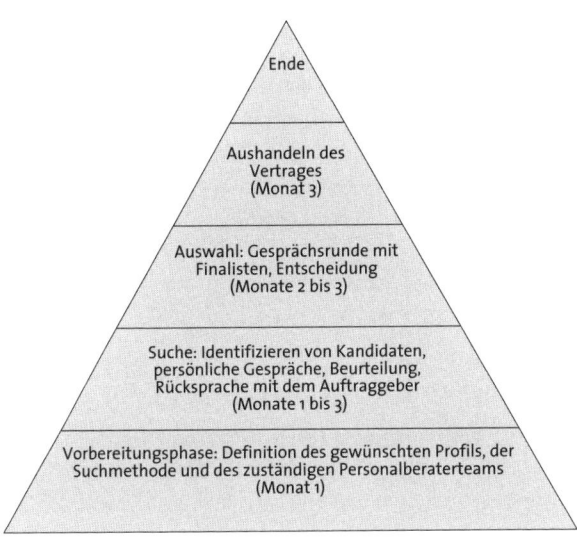

Abbildung 2

Alles in allem dauert ein Suchprozess in der Regel drei Monate. Je nach Position und konjunktureller Lage kann es aber auch deutlich schneller oder langsamer gehen. Je besser es in der Wirtschaft läuft, desto eifriger besetzen Unternehmen Stellen und desto wechselbereiter sind auch die Kandidaten – was den Prozess mitunter auf vier Wochen schrumpfen lassen kann. Ganz anders sieht es aus, wenn die Wirtschaft lahmt. Dann neigen Unternehmen dazu, gerade Stellen im Mittelmanagement nicht gleich wiederzubesetzen, und wenn doch, dann nur in einem sehr zähen Entscheidungsprozess. Arbeitgeber wollen keinerlei Risiko eingehen, viel Geld für jemanden auszugeben, der vielleicht doch nicht zum Unternehmen passt. Mitunter redet der Vorstand höchstpersönlich in Besetzungsfragen mit. Was den Prozess auch schon mal über sechs Monate bis zu einem Jahr in die Länge ziehen kann. Kandidaten sollten das nicht als schlechtes Zeichen werten. Lange Wartezeiten haben nicht unbedingt etwas mit ihnen persönlich zu tun, sondern auch viel mit internen Verzögerungen.

2 So machen Sie einen Headhunter auf sich aufmerksam

Viele Menschen beobachten mit neidvoller Bewunderung, wenn Freunde oder Kollegen damit prahlen, dass sie von einem Headhunter angesprochen wurden. Wie haben die das geschafft?

Wenn Sie noch nie von einem Headhunter angesprochen wurden, ist das kein Grund, Minderwertigkeitskomplexe zu bekommen. Zum einen hat es viel mit Zufall zu tun, warum sich ein Personalberater eine bestimmte Person ausgeguckt und angesprochen hat und andere nicht. Zum anderen können Sie durchaus selbst ein wenig nachhelfen, um sich auf den Radarschirm eines Headhunters zu bringen. Man kann zwar geduldig warten, bis ein Personalberater von sich aus auf einen aufmerksam wird. Man muss es aber nicht.

Karriereberater empfehlen, dass man spätestens mit Anfang Vierzig Kontakt zu zwei bis drei Personalberatern in unterschiedlichen Gesellschaften aufgebaut haben sollte, um seinen Karriereweg zu forcieren. Nicht selten begleitet ein Personalberater die komplette Laufbahn eines Menschen, von der Position im mittleren Management im Alter von Mitte Dreißig bis hin zur Spitzenposition mit Mitte Fünfzig.

Es gibt zwei Wege, in Kontakt mit einem Personalberater zu kommen, die im Folgenden ausführlicher beschrieben werden. Der erste ist der direkte Weg. Personalberater sind längst daran gewöhnt, dass sie nicht nur von den Personalverantwortlichen der Unternehmen angesprochen werden, sondern auch von Kandidaten selbst. Wenn sich 20 unaufgefordert eingereichte Lebensläufe am Tag im Posteingang sammeln, ist dies für sie nicht ungewöhnlich.

Schätzungen zufolge geht rund ein Drittel der Kandidaten in den Datenbanken der Personalberater auf Initiativbewerbungen zurück.

Verwerflich ist eine Initiativbewerbung nicht. Nur bei absoluten Top-Positionen und darauf spezialisierten Gesellschaften gilt es als anrüchig, sich selbst ins Spiel zu bringen. Von solchen Headhuntern abgesehen kommt es eher selten vor, dass die eingereichten Bewerbungsunterlagen ungelesen in den Papierkorb wandern.

Wer nicht so sehr in die Offensive gehen will, wählt den zweiten Weg und versucht, indirekt auf sich aufmerksam zu machen. Indem er sich in seiner Branche einen Namen macht, öffentlich in Erscheinung tritt, zum Beispiel auf Kongressen. Auf diese Weise wecken Sie im Übrigen nicht nur das Interesse von Personalberatern, sondern machen auch Verantwortliche aus anderen Unternehmen Ihrer Branche auf sich aufmerksam. Und auch die Wertschätzung bei Ihren Vorgesetzten steigt. Ein wenig Eigenmarketing schadet nicht, solange Sie es nicht übertreiben.

Was in beiden Fällen von Vorteil ist: Starten Sie Ihre Bemühungen nicht erst, wenn Sie gerade dabei sind, Ihren Job zu verlieren, sondern aus ungekündigter Position heraus. Es macht immer einen besseren Eindruck, wenn Sie nicht das Gefühl vermitteln, jahrelang passiv auf den nächsten Karriereschritt gewartet zu haben, um nun, wenn dieser offenkundig ausbleibt, auf einmal mit Hochdruck die Eigenmarketing-Maschine anzuwerfen. Es spricht natürlich nichts dagegen, dass Sie sich an einen Personalberater wenden, wenn Ihr Name auf einer Streichliste im Unternehmen steht. Dann aber sollten Sie damit offen umgehen. Es zu verschweigen und zu hoffen, dass niemand davon erfährt und Sie schon rechtzeitig etwas Neues finden werden, fliegt über kurz oder lang ohnehin auf. Dazu kennen Personalberater ihre jeweilige Branche zu gut.

Wie eine Bewerbung aussehen sollte

Wer sich aktiv einem Headhunter empfehlen will, sollte dabei ähnlich vorgehen wie in einer klassischen Bewerbung auch. Voraussetzung für diese Vorgehensweise ist, dass Sie tatsächlich daran interessiert sind, die Stelle zu wechseln. Bevor Sie also zum Telefonhörer greifen oder ein Anschreiben aufsetzen: Spielen Sie „Was wäre wenn"-Szenarien durch.

Was wäre, wenn der Personalberater tatsächlich eine Position hätte, auf die Sie gut passen würden? Was wäre, wenn auch die Konditionen attraktiv wären? Würden Sie dann ernsthaft einen Wechsel in Erwägung ziehen? Auch, wenn die Stelle in einer anderen Stadt wäre? Was würde Ihre Familie dazu sagen? Einfach nur zum Kreis derer gehören zu wollen, die in der Kartei eines Headhunters sind, ist keine Basis für eine Kontaktaufnahme. Ein Gespräch mit einem Personalberater kann Ihr Leben durcheinanderwirbeln.

Schätzungen zufolge ist etwa die Hälfte aller Stellen, die Personalberater besetzen, mit einem Ortswechsel verbunden.

Nicht ganz so häufig wie Ortswechsel kommen Branchenwechsel vor, aber auch das ist keine Seltenheit. Sie sollten sich also unbedingt im Vorfeld Gedanken über solche Fragen machen, damit Ihre Anfrage glaubwürdig ist. Sie sammeln keine Pluspunkte bei einem Personalberater, wenn Sie am Ende eines monatelangen Gesprächsmarathons verkünden, dass Sie es sich anders überlegt haben und doch lieber bei Ihrem alten Arbeitgeber bleiben.

Wenn Sie sich sicher sind, dass Ihnen eine berufliche Veränderung gut tun würde, sollten Sie in einem ersten Schritt die Stellenanzeigen in überregionalen Tageszeitungen und in Jobportalen im Internet lesen. Dort suchen nicht nur Unternehmen selbst nach neuen Mitarbeitern, sondern häufig auch Personalberater. Passt eine Stelle genau auf das eigene Profil, drängt sich eine Bewerbung geradezu auf. Welche Unterlagen erwünscht sind, steht in der Anzeige. Wenn es keine genau passende Stelle gibt, können Sie eine ähnliche Anzeige als Anknüpfungspunkt für eine Kontaktaufnahme nutzen. Nach dem Motto: „Sie suchen aktuell für einen Kunden aus der Pharmabranche einen Gebietsverkaufsleiter. Wenn Sie auch einmal eine solche Position im Handel zu besetzen hätten, würde ich mich über einen Hinweis freuen."

Denken Sie daran, dass Personalberater in Stellenanzeigen immer den 120-prozentigen Mitarbeiter suchen. Nicht jede der in der Anzeige genannten Voraussetzungen ist Pflicht. Personalberater sind sich bewusst, dass nicht jeder Kandidat alle Wunscheigenschaften aufweist. Wenn Sie den einen oder anderen Punkt nicht erfüllen, sollte Sie das nicht abschrecken. Aber werden Sie auch nicht vermessen – einen absoluten Quereinsteiger wird er nicht ernsthaft für die Stelle in Erwägung ziehen. Die Gefahr ist zu groß, dass diese Besetzung schiefgeht. Mehr noch als ein suchendes Unternehmen achtet ein Personalberater auf eine möglichst hohe Übereinstimmung zwischen dem Profil des Bewerbers und den Wünschen der Personalverantwortlichen.

Wenn Sie auf eine Anzeige antworten: Kommen Sie nicht auf die Idee, die Zwischeninstanz Personalberater überspringen zu wollen und sich direkt beim suchenden Unternehmen zu bewerben, wenn es in der Stellenanzeige namentlich genannt ist.

Wer einen in einer Anzeige genannten Personalberater übergeht, katapultiert sich aus dem Rennen.

Es mag zwar naheliegen, sich direkt an den künftigen Arbeitgeber zu wenden, der letztlich die Personalentscheidung trifft. Aber wenn das Unternehmen einen Personalberater beauftragt hat, wird es alle am Firmensitz eingehenden Unterlagen ungelesen an den Headhunter weiterleiten. Und spätestens dort wird man Ihre Vorgehensweise überhaupt nicht schätzen. Personalberater lassen sich nicht übergehen.

Neben dem Weg über Anzeigen können Sie sich auch an Personalberater wenden, die auf dieses Suchinstrument verzichten und Kandidaten ausschließlich über ihre eigene Datenbank und die ihnen bekannten Kontakte suchen. Noch einmal: Es ist durchaus üblich, dass Kandidaten selbst die Initiative ergreifen. Wichtig ist, dass Sie sich gut überlegen, welche Personalberatung zu Ihnen passt. Wenn Sie in einem spezifischen Bereich tätig sind, etwa als Legal Counsel für strukturierte Kapitalmarktprodukte in einer Bank, eignen sich tendenziell kleine, auf diese Branche spezialisierte Gesellschaften besser als einer der großen Generalisten. Wer dagegen als Produktmanager bei einem Konsumgüterunternehmen arbeitet, ist tendenziell bei einer größeren, breit aufgestellten Personalberatung besser aufgehoben, weil diese möglicherweise auch offene Produktmanager-Positionen in anderen Branchen zu besetzen hat.

Erkundigen Sie sich ruhig bei Gelegenheit bei Freunden und Bekannten – nicht selten hatten diese schon einmal Kontakt mit einem Personalberater und können Ihnen einen Namen empfehlen. Kollegen zu fragen ist dagegen nicht geschickt. Und lesen Sie die Wirtschaftsteile der Zeitungen aufmerksam. In Artikeln, die Ihre Branche betreffen, kommen häufig auch Personalberater zu Wort, wenn es gilt, die aktuelle Situation auf dem Arbeitsmarkt einzuschätzen. Dies kann ebenfalls Anknüpfungspunkt sein, um Kontakt aufzunehmen. Auch eine Nachfrage beim Berufsverband BDU kann weiterhelfen. Auf der Internetseite können Sie nach Branchen und Postleitzahlen sortiert Personalberater suchen.

Wichtig ist, dass Sie realistisch bleiben, wenn Sie entscheiden, wen Sie ansprechen. Ein Mittdreißiger, der gerne endlich zum ersten Mal eine Führungsposition hätte, sollte sich nicht an eine Gesellschaft wenden, die ausschließlich das sogenannte Chief-Level, auch kurz C-Level genannt, besetzt. Damit sind Vorstandspositionen gemeint. Worauf es eine Personalberatung abgesehen hat, wird nach einem Blick auf ihre Internetseite schnell deutlich.

Mehr als fünf Beratungsgesellschaften sollten Sie nicht ins Auge fassen, heben Sie sich noch welche für später auf. Der nächste Schritt ist die Bewerbung. Dafür sollten Sie sich zunächst den richtigen Ansprechpartner suchen. Nahezu alle Personalberatungen sind im Internet vertreten. So ist es ein Leichtes, den Namen des für Ihre Branche oder des für Ihre Hierarchiestufe zuständigen Beraters herauszufinden. Wer nicht fündig wird, weil auf der Internetseite – abgesehen von den im Impressum verzeichneten Namen der Geschäftsführer – keinerlei Namen stehen, klärt mit einem kurzen Anruf in der Zentrale, wer der richtige Ansprechpartner ist. Sprechen Sie je Personalberatung nur eine Kontaktperson an. Falls diese nicht der richtige Ansprechpartner ist, werden Ihre Unterlagen intern weitergereicht.

Es folgt die Frage: Besser schriftlich oder telefonisch Kontakt aufnehmen? Darauf gibt es leider keine klare Antwort. Aus den Erzählungen vieler Personalberater ist aber tendenziell herauszuhören: besser schriftlich. Einen Personalberater anzurufen ist nicht ohne Risiko. Personalberater sind viel unterwegs, die Gefahr, dass Sie ihn dank einer Rufumleitung im ICE oder auf der Autobahn erwischen und Ihr Anliegen im Verkehrsrauschen oder in Funklöchern untergeht, ist relativ groß. Und wenn Sie ihn im Büro erreichen, kann es immer sein, dass er dort gerade eine Besprechung abhält oder in Ruhe einen Bericht schreiben will, kurzum: Sie stören. Oder, wenn Sie es wiederholt versuchen: Sie nerven. Beides mindert Ihre Erfolgsaussichten empfindlich. Hinzu kommt, dass ein Anruf schnell in der Vielzahl der täglichen Telefonate in Vergessenheit geraten kann.

Da Personalberater ohnehin bei Interesse schriftliche Informationen von Ihnen haben wollen, empfiehlt es sich, im Fall einer direkten Bewerbung von vornherein den schriftlichen Weg zu wählen. So hinterlassen Sie einen bleibenden Eindruck.

Ihre Bewerbung sollte aus einem kurzen Anschreiben und einem kurzen Lebenslauf bestehen – und sonst nichts.

Keine ausgefallenen Verpackungen, keine Motivationsschreiben, keine Zeugnisse, keine Arbeitsproben. Ihre Bewerbung sollte es dem Berater so einfach wie möglich machen. Es darf nicht länger als 30 Sekunden dauern, bis er alles Wesentliche überflogen hat. Mehr Zeit nimmt er sich in der Regel nicht.

Ein kleiner Hinweis am Rande: Manche Personalberatungen, etwa Kienbaum oder der Korn-Ferry-Ableger Futurestep, haben Jobportale auf ihren Internetseiten eingerichtet, wo Kandidaten nach Stellen suchen können, die die Gesellschaft aktuell zu besetzen hat. Zum Teil ist es auch möglich, dass die Kandidaten ihr Profil im Internet einstellen und allen Beratern zur Verfügung stellen können. Wenn die von Ihnen ins Auge gefasste Personalberatung über solch ein Portal verfügt, nutzen Sie es und sehen Sie von einer andersartigen Bewerbung ab.

Im Anschreiben sollten Sie erklären, warum Sie sich an den Personalberater oder die Personalberaterin wenden und in welcher Position Sie aktuell tätig sind. Den Unternehmensnamen können Sie nennen, müssen dies aber nicht zwangsläufig machen. Eine Umschreibung – ob Konzern oder Mittelständler – und die Branche genügen im Rahmen der ersten Kontaktaufnahme. Aus Ihren Zeilen sollte hervorgehen, was genau Ihre Aufgabe und Ihr Verantwortungsbereich ist. Sie sollten signalisieren, dass Sie aufgeschlossen für eine Veränderung sind, und in welche Richtung diese gehen sollte – ob Sie mehr Verantwortung, einen Wechsel ins Ausland oder ein größeres Unternehmen anstreben. Und dass Sie sich freuen würden, wenn die Personalberatung eine entsprechende Position zu besetzen hätte. Diese Botschaften lassen sich in einen oder zwei Absätze packen – eine DIN A4-Seiten füllende Abhandlung sollte daraus nicht werden. Nicht fehlen sollte der Hinweis, dass Sie auf Wunsch gerne eine ausführliche Bewerbungsmappe nachreichen.

In welche Sätze Sie die Informationen im Einzelnen verpacken, bleibt Ihnen überlassen. Sicher, in jeder Buchhandlung finden Sie unzählige Bewerbungsratgeber mit Standardanschreiben und Satzbausteinen. Doch darauf zurückzugreifen, gestehen Personalprofis allenfalls einem Berufsanfänger zu. Von einer Fach- oder Führungskraft, die schon im Berufsleben steht, wird erwartet, dass sie das Anschreiben in ihrem eigenen Stil verfasst. So transportieren Sie einen ersten Eindruck von Ihrer Persönlichkeit.

Dem Anschreiben sollten Sie einen Kurzlebenslauf beifügen. Wobei die Betonung auch hier auf „kurz" liegt. Als Struktur hat sich dabei bewährt, mit den persönlichen Daten anzufangen, das heißt: Name, Anschrift, Telefonnummer, E-Mail-Adresse und Geburtsdatum. Verzichten Sie auf unwichtige Details: Ihre Religionszugehörigkeit interessiert niemanden (außer, es ist für Ihren Beruf wichtig).

Als nächstes sollten Ihre beruflichen Stationen folgen, beginnend mit der aktuellsten. Sie sollten alle Stationen auflisten, die Sie seit Abschluss Ihres Studiums oder Ihrer Ausbildung innehatten, jedoch keine Praktika oder Ähnliches. Folgende Angaben sollten zu jeder Station erhalten sein: Dauer, Name des Unternehmens oder der Institution, Ort, Positionsbezeichnung, und – falls letztere für Außenstehende zu kryptisch sein sollte – ein Satz, was sich dahinter verbirgt. Führungskräfte sollten auch ihren Verantwortungsbereich umreißen, indem sie Umsatz- und Mitarbeiterzahlen nennen.

Wer lediglich Jahresangaben nennt, erregt schnell den Verdacht, dass er monatelange Lücken des Nichtstuns verheimlichen will.

Sie müssen die Dauer der Arbeitsverhältnisse nicht auf den Tag genau benennen, aber Monatsangaben sind Pflicht, also beispielsweise: Februar 2001 bis September 2003. Wer nur mit Jahresangaben arbeitet, wird entweder direkt aussortiert oder muss sich im Gespräch auf unangenehme Fragen gefasst machen.

Zeiten, in denen Sie arbeitslos waren, sollten Sie ehrlich als solche kennzeichnen. Also nicht „selbständig" schreiben, wenn Sie in Wahrheit drei Monate nach einer neuen Stelle gesucht haben. Bezeichnen Sie das lieber als „berufliche Neuorientierung". Sie werden nicht vermeiden können, dass der Eintrag als Makel wahrgenommen wird, auch wenn viele Personalverantwortliche etwas anderes behaupten. Aber ein K.o.-Kriterium ist er seit dem Absturz des Neuen Marktes nicht mehr. Es hat sich herumgesprochen, dass auch gut qualifizierte Mitarbeiter im Sog von Wirtschaftskrisen mitunter ihre Arbeitsplätze verlieren, erst recht in Deutschland mit seinen strengen Kriterien, was die Sozialauswahl im Fall von betriebsbedingten Kündigungen angeht.

Nach den beruflichen Stationen sollten Sie Ihre Ausbildung nennen. Dazu zählen das gewählte Studium oder der gewählte Ausbildungsberuf, von wann bis wann und wo die Ausbildung stattgefunden hat und zu welchem Abschluss sie führte. Details aus der Schullaufbahn sind in einem Kurzlebenslauf fehl am Platz, Sie wollen den Leser schließlich nicht mit Ihren Grundschulerfahrungen langweilen. Der letzte Eintrag in der Rubrik Ausbildung sollte das Jahr sein, in dem Sie Ihren Schulabschluss gemacht haben – fertig.

Wer möchte, kann in einem Unterpunkt „Sonstiges" noch spezielle Sprach- und Computerkenntnisse vermerken – aber nur dann, wenn sie tatsächlich etwas Besonderes sind.

Machen Sie sich immer bewusst: In der Bewerbung sollten Sie keine Selbstverständlichkeiten betonen.

Verhandlungssicheres Englisch wird heute in nahezu allen Positionen und Branchen vorausgesetzt und häufig auch im persönlichen Gespräch durch einen spontanen Sprachwechsel getestet. Das rechtfertigt keinen eigenen Sprachenunterpunkt. Gleiches gilt für Computerkenntnisse: Die gängigen Microsoft-Programme wie Word und Excel zu beherrschen, verdient keine gesonderte Erwähnung.

Ob Sie Ihre Bewerbung per Mail (an die richtige, sprich persönliche Mailadresse, nicht an info@...) oder auf Papier versenden, steht Ihnen frei. Wählen Sie den Weg, den Sie persönlich bevorzugen, der zu Ihrer Person passt. Ein Technik- und Internetbegeisterter wählt die Mail-Variante, andere den Postweg. In letzterem Fall können Sie statt des üblichen Kopierpapiers etwas dickeres, hochwertigeres Papier verwenden. Aber kein Papier mit Prägungen oder Wappen, das wirkt angeberisch.

Noch ein Hinweis zum Schluss: Wenn Sie Ihre Kurzbewerbung per E-Mail verschicken, sollte eine Betreffzeile nicht fehlen, etwa „Führungs-position im Rechnungswesen / Bewerbung". Das erleichtert dem Perso-nalberater das Archivieren. Wer seine Bewerbung mit der Post ver-schickt, achte auf die korrekte Frankierung. Beides klingt wie eine Selbstverständlichkeit, die nicht erwähnt werden müsste. Doch die Erfahrungen von Personalberatern zeigen, dass sich schon einige Kan-didaten wegen solcher Mängel disqualifiziert haben.

Wenn Sie auf Ihre Initiativbewerbung hin nichts hören, ist das kein Grund zum Verzweifeln. Sie können davon ausgehen, dass Ihre Nach-richt den Empfänger erreicht hat und dass sie auch gelesen wurde. Eini-ge Personalberater sammeln die eingehenden Profile und melden sich erst, wenn sie tatsächlich eine Position im Angebot haben, auf die Sie passen könnten. Bis dahin können Monate, manchmal sogar Jahre ver-gehen. Andere verschicken eine Standardantwort. Drängeln Sie nicht, rufen Sie nicht an, gehen Sie dem Headhunter nicht auf die Nerven.

Wer ein persönlich gefasstes Antwortschreiben erhält, kann sich glücklich schätzen: Das gibt es nur ganz selten.

Ein individuelles Schreiben zeigt, dass sich die Personalberatung mit Ihrem Profil ausgiebiger befasst hat als mit den vielen anderen, die sie sonst jeden Tag erreichen, und sie hat es für interessant befunden. Noch glücklicher kann sich schätzen, wer eine Mail oder einen Anruf eines Beraters bekommt, ob man sich nicht bei Gelegenheit auf einen Kaffee treffen wolle. In diesem Fall ist das Interesse an Ihrer Person schon über-durchschnittlich ausgeprägt.

Haben Sie sich auf eine Zeitungsanzeige eines Personalberaters bewor-ben, gelten andere Regeln, was die Art der Reaktionen und die Zeiträu-me angeht. Interessante Kandidaten ruft der Headhunter in diesem Fall in der Regel direkt an. Überhaupt nicht passende Bewerbungen kom-men ebenso umgehend wieder zurück. Die für die Kandidaten unange-nehmste Variante ist die, dass sie nach zwei Wochen noch nichts gehört haben, allenfalls eine Eingangsbestätigung erhalten haben. Wenn es Ihnen so ergeht: Dies ist ein Zeichen, dass Sie nicht zur ersten Wahl gehören, aber Ihre Bewerbung auch nicht als uninteressant eingestuft wurde. Sie sind also ein Reservekandidat. Auch in diesem Fall gilt: Nicht nachfragen, nicht drängeln – beides verbessert Ihre Erfolgsaussichten nicht.

Welche anderen Wege es gibt

Auch zurückhaltendere Naturen, denen eine Bewerbung zu offensiv erscheint, haben die Möglichkeit, sich auf den Radarschirm eines Personalberaters zu bringen: Betreiben Sie ein wenig Marketing in eigener Sache. Keine Angst, Sie müssen deshalb nicht zum Marktschreier werden. Eigenmarketing lässt sich auch leise und sachlich betreiben. Ziel ist es, sich in der eigenen Branche einen guten Ruf zu erarbeiten, sich von der Masse der Kollegen abzuheben. Machen Sie sich sichtbar. Dazu gibt es verschiedene Möglichkeiten.

Ein beliebtes und inzwischen weit verbreitetes Mittel ist es, ein Profil in einer der Business Communities im Internet einzustellen, wo sich aus den Augen verlorene Freunde und Bekannte wiederfinden und neue Kontakte knüpfen lassen. In Deutschland erfreut sich dabei vor allem das Netzwerk Xing großer Beliebtheit (www.xing.de). Dort können Nutzer kostenlos ein Profil von sich anlegen, mit Ausbildung, beruflichem Werdegang, aktueller Tätigkeit und Foto. Gleiches gilt für das internationale Netzwerk Linked-In (www.linkedin.com).

Personalberater geben offen zu, dass ihnen Netzwerke wie Xing und Linked-In die Arbeit erheblich erleichtern und sie diese Internetseiten gerne zu Recherchezwecken nutzen. Wichtig ist: Solche Netzwerke sollten Sie frühzeitig pflegen. Also nicht erst dann, wenn Sie dringend nach einer neuen Stelle fahnden. Wer einen früheren Studienpartner kontaktiert, der inzwischen Abteilungsleiter in einer Bank ist, und gleich als Erstes fragt, ob dieser nicht einen Job für ihn hat, kann Glück haben und eine freundliche Antwort, gar einen Hinweis, bekommen. Sie dürfen sich aber auch nicht wundern, wenn gar keine oder nur eine reservierte Reaktion kommt. Niemand in einem Netzwerk hat gerne das Gefühl, ausgenutzt zu werden.

Vorsicht ist angeraten, was das Feld „Ich suche" im Xing-Profil angeht. Hier „eine neue Stelle" oder „berufliche Veränderung" hineinzuschreiben, ist zwar ehrlich und ein deutliches Signal an alle Personalsuchenden – seien es Personalberater oder Personalverantwortliche von Unternehmen. Sie sollten sich aber auch bewusst sein, dass nicht nur diese, sondern auch viele Ihrer Kollegen und Vorgesetzten in diesen Netzwerken präsent sind und solche Äußerungen mit Interesse zur Kenntnis nehmen.

Während es sich bei Xing um eine offene Business Community handelt, in die jeder sein Profil einstellen kann, gibt es noch weitere, geschlossene Netzwerke. In diese Netzwerke wird nur aufgenommen, wer eine Empfehlung eines Mitglieds vorweisen kann oder einen Bewerbungsprozess erfolgreich durchlaufen hat. Ein geschlossenes Netzwerk ist zum Beispiel die Manager-Lounge (www.manager-lounge.de). Wer dort aufgenommen werden möchte, muss mehrjährige Personal- und Budgetverantwortung und ein Jahreseinkommen von mindestens 100.000 Euro nachweisen. Geschlossene Netzwerke gelten als exklusiver und hochkarätiger. Wenn Sie die Möglichkeit haben, in eines dieser Netzwerke zu kommen, nutzen Sie diese. Schaden kann es nicht. Denn auch hier sind Personalberater registriert und schauen sich um.

Weitere Auftritte im Internet sind möglich, allerdings sollten Sie sich gut überlegen, was zu Ihnen passt. Ob eigene Homepage, Blog oder der Mitteilungsdienst Twitter (www.twitter.com) – all dies sind Präsentierflächen, die persönlicher sind als ein Eintrag in einer der Business Communities. Sie können damit Aufmerksamkeit erregen, Sie können sich aber auch blamieren. Eine Homepage, auf der Sie in den wohlklingendsten Worten Ihre beruflichen Qualifikationen anpreisen? Das kann Personalberater neugierig machen, Ihren aktuellen Chef aber ziemlich misstrauisch. Ein Twitter-Profil, wo sie alle zwei Stunden die neuesten Gerüchte aus Ihrer Branche streuen? Damit können Sie darauf hinweisen, dass Sie sich gut auskennen. Sie können aber auch den Eindruck erwecken, ein Schwätzer zu sein, der statt zu arbeiten lieber sein Ego pflegt.

Bei allem, was Sie im Internet veröffentlichen, sollten Sie sich vorher überlegen: Wie wirkt das auf Dritte?

Blogs oder Twitter-Einträge rund um ihre berufliche Tätigkeit können ein gutes Mittel zum Eigenmarketing sein, wenn die Beiträge seriös geschrieben sind und Sie keine Belanglosigkeiten notieren. Lieber weniger, aber dafür fundierte Nachrichten anstelle eines hastig vom Handy getwitterten „Mal wieder eine Stunde Verspätung. Typisch Deutsche Bahn". Einen Personalberater beeindrucken Sie damit zumindest nicht. Familien- oder Partyfotos haben im Internet grundsätzlich nichts verloren. Also Vorsicht mit sozialen Netzwerken wie MeinVZ, Wer kennt wen oder Facebook.

Womit Sie ebenfalls Eindruck machen können, sind Beiträge in Fachzeitschriften. Für Personalberater, die sich auf eine bestimmte Branche spezialisiert haben, gehört die Lektüre der einschlägigen Fachzeitschriften zum festen Bestandteil ihres Arbeitsalltags. Kommen in der Fachzeitschrift, die Sie regelmäßig lesen, Fachleute aus Unternehmen zu Wort? Zum Beispiel als Autoren von Gastbeiträgen? Wenn ja: Überlegen Sie sich ein Thema und eine These, die die Redaktion neugierig machen könnte. Anschließend werfen Sie einen Blick ins Impressum und fragen Sie telefonisch oder per E-Mail nach, ob Interesse besteht.

Was für Fachzeitschriften gilt, trifft in abgewandelter Form auch für Fachbücher zu, wobei der Arbeitsaufwand in diesem Fall ungleich größer ist – das Renommee allerdings auch. Zwar schaffen es die fachspezifischen Titel in der Regel nicht auf die Bestsellerlisten von „Spiegel" & Co. Um sich einen Namen im eigenen Unternehmen und in der Branche zu machen, eignen sie sich aber allemal.

Welchen Stellenwert Fachbücher für das Eigenmarketing haben, hängt mit dem Tätigkeitsumfeld zusammen. Wer eher strategisch arbeitet, etwa in einer Unternehmensberatung oder in einer Anwaltskanzlei, dem hilft ein gut geschriebenes Fachbuch nach Einschätzung von Personalberatern in jedem Fall bei der Karriere. Wer dagegen in einem operativen Bereich tätig ist, sollte sich solch ein Vorhaben gut überlegen. Wenn Vertriebsexperten oder Ingenieure anfangen, Bücher zu schreiben, kann das schnell als Zeichen akademischer Abgehobenheit missverstanden werden.

Wenn Sie das Projekt Fachbuch in Angriff nehmen wollen, sollten Sie sich einmal ausführlich in einer großen Buchhandlung umschauen, welche Verlage Bücher zu Ihrem Fachgebiet publizieren. Im Internet lassen sich später die richtigen Ansprechpartner recherchieren. Wie bei

Beiträgen in Fachzeitschriften gilt auch für Fachbücher: Sie sollten etwas vorschlagen, das es so bislang auf dem Markt noch nicht gibt. Das x-te Standardwerk zum Thema Projektmanagement dürfte auf wenig Gegenliebe stoßen. Um einen Lektor neugierig zu machen, sollten Sie ein kurzes Exposé verfassen. Achtung: Bevor Sie beginnen, mit einem interessierten Verlag Details zu besprechen oder gar einen Vertrag zu unterschreiben, sollten Sie mit Ihrem Arbeitgeber klären, ob dieser mit Ihrem Vorhaben einverstanden ist. Die meisten Arbeitsverträge sehen vor, dass Sie sich jede Nebentätigkeit genehmigen lassen müssen.

Das Engagement in Berufsverbänden kann ebenfalls ein Weg sein, um auf sich aufmerksam zu machen. Ein gutes Mittel zum Eigenmarketing sind auch Kongresse und Fachmessen – wobei es bei solchen Veranstaltungen schwer ist, sich selbst für die Referentenliste zu empfehlen. Die Veranstalter wählen in der Regel selbst aus, wen sie für einen interessanten Redner halten, was nicht zuletzt auch davon abhängt, wer sich durch Beiträge in Fachzeitschriften oder durch Bücher in der Branche einen Namen gemacht hat.

Nichts beeindruckt Personalberater allerdings mehr, als wenn ein angesehener Geschäftspartner einen möglichen Kandidaten ins Gespräch bringt, weil er ihn für einen klugen Kopf hält.

> **Der beste Weg, um das Interesse eines Personalberaters zu wecken, ist eine persönliche Referenz.**

Headhunter rufen regelmäßig „Sourcen" an: Quellen, die nicht für die Besetzung einer offenen Position in Frage kommen, die aber geeignete Namen nennen können, weil sie einen guten Marktüberblick haben. Das sind zum Beispiel Menschen, die der Berater früher schon einmal erfolgreich auf eine Stelle vermittelt hat und die er im Rahmen einer laufenden Besetzung fragt: „Sie kennen die Branche doch ziemlich gut, fällt Ihnen nicht zufällig jemand ein, der ...". Das Zusammenspiel von Headhuntern und Kandidaten ist ein ständiges Geben und Nehmen. Wenn Sie Glück haben und der Zufall es will, fällt in solch einem Gespräch auch einmal Ihr Name. Steuern oder gar erzwingen können Sie es nicht. Das einzige, was Sie dafür tun können: Machen Sie Ihren Job so gut, dass es anderen auffällt.

3 Können Sie sprechen? Der erste Anruf

„Unbekannter Anrufer" – wenn diese Anzeige auf dem Display Ihres Telefons erscheint, könnte es gut sein, dass am anderen Ende der Leitung ein Personalberater ist. Die erste Kontaktaufnahme läuft in den meisten Fällen telefonisch ab. Entweder, nachdem Sie sich aktiv beworben haben. Oder, weil der Personalberater von sich aus auf Ihre Person aufmerksam geworden ist.

Fragen Sie nie: „Woher haben Sie meine Nummer?" Oder: „Wie sind Sie denn auf mich gekommen?" Headhunter hassen diese Frage.

Diskretion ist oberste Berufspflicht. Nie würde ein Personalberater einem Kandidaten auf die Frage, woher er seine Nummer hat, eine Antwort geben. Das sollten Kandidaten wissen und diesen Anfängerfehler tunlichst vermeiden. Sonst werden sie umgehend aussortiert.

Es gibt keine festen Uhrzeiten, zu denen sich Personalberater üblicherweise melden. Ein Anruf kann während der gewöhnlichen Büroarbeitszeit kommen, aber ein guter Personalberater wird sich Mühe geben, seinen Anruf entweder in die Mittagszeit oder in den frühen Abend zu legen, zu einer Zeit, zu der normalerweise keine Besprechungen oder Kundentermine mehr auf dem Terminkalender stehen. Nicht umsonst klagen viele Personalberater über lange Arbeitszeiten. Einen Großteil ihrer Telefonate – nicht die mit den Auftraggebern, sondern die mit den Kandidaten – führen sie in den Abendstunden.

Rechtlich sind die Anrufe nicht ganz unproblematisch: Jahrelang haben sich Arbeitgeber und Personalberater vor Gericht darüber gestritten, ob die Anrufe erlaubt sind oder nicht. Im Jahr 2004 hat der Bundesgerichtshof (BGH) ein Machtwort gesprochen: Anrufe von Personalberatern am Arbeitsplatz sind grundsätzlich erlaubt. Die obersten Richter erklärten die Direktansprache im Büro für zulässig (Az.: I ZR 221/01). Damit hat der BGH vielen Personalberatern die Arbeit erheblich erleichtert.

Geklagt hatte ein EDV-Unternehmen, das es sich nicht länger gefallen lassen wollte, dass seine begehrten Mitarbeiter ständig während der Arbeitszeit von Headhuntern angerufen wurden. Doch das Abwerben fremder Mitarbeiter ist als Teil des freien Wettbewerbs gestattet, meint der BGH. Erlaubt ist Personalberatern allerdings nur eine kurze Kontaktaufnahme, bei der sie den Mitarbeiter nach seinem Interesse an einer neuen Stelle fragen, die angebotene Position kurz umschreiben und eine Verabredung zum Gespräch außerhalb der Arbeitszeit treffen können. All diese Grundsätze gelten auch für den Anruf auf einem dienstlichen Mobiltelefon, haben die Richter später klargestellt (Az.: I ZR 73/02). Die Einhaltung dieser Regel ist eigentlich Aufgabe des Personalberaters. Aber es schadet nicht, wenn sich auch der angerufene Mitarbeiter dessen bewusst ist, um arbeitsrechtliche Probleme von vornherein zu vermeiden.

Wenn Sie in einem Großraumbüro arbeiten oder jeden Moment Ihr Chef oder Kollege in der offenen Tür Ihres Büros stehen könnte, empfiehlt es sich, selbst auf ein noch so kurzes Telefonat zu verzichten und dem Personalberater auf seine obligatorische Eingangsfrage „Können Sie sprechen?" sachlich und freundlich zu antworten: „Vielen Dank für Ihren Anruf. Kann ich Sie später zurückrufen?" So können Sie sich für das eigentliche Telefonat einen Ort suchen, an dem Sie ungestört sprechen können. Notieren Sie sich immer Name, Beratungsgesellschaft und Telefonnummer. Ein seriöser Headhunter wird Ihnen seine Kontaktdaten ohne Zögern geben und nicht darauf bestehen, dass er Sie wieder anruft. So gehen Sie auch auf Nummer sicher, dass nicht Ihr eigener Arbeitgeber einen Anruf fingiert hat, um zu prüfen, ob Sie Abwanderungsgedanken hegen.

Das erste Telefonat dauert nur wenige Minuten. Der Personalberater will von Ihnen wissen, ob Sie grundsätzlich an einem beruflichen Wechsel interessiert sind, und beschreibt, was für eine Position er zu besetzen hat. Erwarten Sie nicht, dass er bereits den Namen des Unternehmens nennt – diese Information fällt im ersten Gespräch in der Regel noch nicht. Der Personalberater wird lediglich die Branche und das Unternehmen umschreiben („Finanzdienstleister", „Dax-Konzern") und die

Positionsbezeichnung nennen. Das ist kein Zeichen mangelnder Seriosität, sondern hat damit zu tun, dass manche Auftraggeber es nicht mögen, wenn ihr Name schon in diesem frühen Suchstadium bekannt wird.

Wenn der Personalberater es nicht von sich aus anspricht: Fragen Sie nach, auf welcher Hierarchiestufe die Position im Organigramm des suchenden Unternehmens genau angesiedelt ist. Nur so können Sie einschätzen, wie attraktiv die Position für Sie tatsächlich ist.

Wenn Sie sich selbst beworben haben, steht außer Frage, dass Ihre Antwort auf die Frage, ob Sie Interesse an einem beruflichen Wechsel haben, „Ja" lauten sollte. Für alle, die ohne eigene Initiative einen Anruf bekommen, gilt: Wenn Sie sich unsicher sind, bitten Sie den Personalberater um eine Nacht Bedenkzeit, besprechen Sie das Ganze mit Ihrer Familie. Dafür wird er Verständnis haben.

Wenn Sie in Ihrer jetzigen Position so glücklich sind, dass Sie sich unter keinen Umständen einen Wechsel vorstellen können, sollten Sie das auch in dieser Form sagen. Und gleichzeitig anbieten, dass man trotzdem gerne locker miteinander in Kontakt bleiben könne. Vielleicht ändert sich Ihre Einstellung in einigen Monaten oder Jahren, oder Sie verlieren Ihren Job. Dann können Sie gut an das Erstgespräch anknüpfen, vorausgesetzt, der Personalberater hat es als freundlich und höflich in Erinnerung. Verkneifen Sie sich also wichtigtuerische Äußerungen wie „Schön, dass sich Leistung herumspricht, aber ich brauche Sie nicht".

Wenn es das erste Mal in Ihrem Leben ist, dass Sie ein Personalberater anruft, erleben Sie während dieses Telefonats wahrscheinlich ein Wechselbad der Gefühle. Einerseits fühlen Sie sich geschmeichelt, andererseits auch ein wenig überrumpelt. Das Wichtigste in dieser Situation: Ruhe bewahren. Seien Sie authentisch. Professionell. Und souverän. Diese drei Attribute nennen Personalberater am häufigsten, wenn sie danach gefragt werden, womit ein Kandidat bei ihnen punktet. Konzentrieren Sie sich, machen Sie sich Notizen, Sie bekommen in kurzer Zeit viele wichtige Informationen zu hören.

Notieren Sie sich unbedingt den Namen des Personalberaters, seine Telefonnummer und die Position, um die es geht!

Mitschreiben erspart Ihnen spätere „Wie war das nochmal? Was hat er gesagt?"-Grübeleien. Manche Personalberater bieten zwar an, später noch das Stellenprofil an Ihre E-Mail-Adresse (die private!) zu versenden. Doch dieser Service ist nicht in jedem Fall üblich.

Haben Sie grundsätzlich Interesse an einem beruflichen Wechsel bekundet, kommt es in der Regel zu einem weiteren, rund zwanzig Minuten dauernden Telefonat. Hier lernt man sich besser kennen und es lässt sich abschätzen, ob sich ein persönliches Treffen lohnt oder nicht. Übertriebene Begeisterung ist zu diesem Zeitpunkt fehl am Platz. Seien Sie freundlich, aufgeschlossen – aber wahren Sie Distanz. Das wirkt professionell und schützt Sie gleichzeitig vor späteren Enttäuschungen. Denken Sie immer daran: Das Telefonat ist nicht mehr als eine Anfrage, die viele andere Kandidaten zeitgleich mit Ihnen erhalten. Sie haben dadurch noch lange keinen neuen Job.

In diesem zweiten, längeren Telefonat wird der Personalberater Sie zu Details Ihres Werdegangs und zu Ihrer aktuellen beruflichen Tätigkeit befragen, zum Beispiel zu Ihrer Umsatz- und Mitarbeiterverantwortung. Gelegentlich kommt auch die Frage, welchen persönlichen Entwicklungsschritt Sie sich als Nächstes vorstellen würden. Und ob Sie gegebenenfalls auch einen Umzug in eine andere Stadt in Kauf nehmen würden. Zu solchen Fragen sollten Sie sich im Vorfeld Gedanken machen.

Auch Sie sollten Fragen stellen! Zum Beispiel, ob der aktuelle Positionsinhaber freiwillig geht.

Gab es einen Vorstandswechsel? Laufen Fusionsverhandlungen? Das gibt Ihnen einen Anhaltspunkt, welche Atmosphäre Sie erwarten würde.

Das Thema Gehalt ist im telefonischen Gespräch eine heikle Angelegenheit. Sie sollten nicht von sich aus danach fragen, wie die zu besetzende Position dotiert ist. Damit erwecken Sie den Eindruck, dass Sie nur aufs Geld aus sind – was nie gut ankommt, nicht erst, seit gierige Manager und ihre Boni im Mittelpunkt der öffentlichen Diskussion stehen. In erster Linie sollte es Ihnen um die Karriereperspektiven gehen, die mit der Position verbunden sind. Über das Gehalt wird in den meisten Fällen erst während des persönlichen Gesprächs geredet.

Wenn der Personalberater das Thema Geld von sich aus in dem Telefonat anspricht, dann macht er das, um zu prüfen, ob es sich sein Auftraggeber überhaupt leisten könnte, Sie einzustellen. In diesem Fall sollten Sie ihm die Größenordnung Ihrer jährlichen Gesamtbezüge nennen – und sich Ihrerseits erkundigen, wie die offene Position dotiert ist.

Sind sowohl Sie als auch der Personalberater nach diesem verbalen Abtasten immer noch interessiert, steht als nächstes die Vereinbarung eines persönlichen Treffens an. Den Ort schlägt in aller Regel der Personalberater vor. Um sich selbst lange Wege zu ersparen, wird er dabei bevorzugt die eigenen Büroräume wählen. Wenn Sie von weiter her anreisen müssen, übernimmt die Personalberatung beziehungsweise der Auftraggeber die Kosten der Anreise. Vorsicht, wenn Sie einen Dienstwagen haben. Personalberater mögen es gar nicht, wenn sie im persönlichen Gespräch hören, dass ein Kandidat einen Dienstwagen hat, den er auch privat nach Belieben nutzen kann, er später aber trotzdem eine Abrechnung über die gefahrenen Kilometer schickt.

Gelegentlich schlagen Personalberater auch vor, sich an einem öffentlichen Ort zu treffen, zum Beispiel in einer Hotellobby oder in einer Flughafenlounge. Dies ist vor allem dann der Fall, wenn der Zeitdruck groß ist und wenn Personalberater und Kandidat in unterschiedlichen Städten arbeiten, sich beide aber zufällig an einem bestimmten Tag an einem bestimmten Ort aufhalten. Wenn es geht, vermeiden Sie solche Treffen an öffentlichen Orten, um Begegnungen mit Kollegen, Vorgesetzten oder Geschäftspartnern vorzubeugen.

Theoretisch könnten Sie zwar auch in den Geschäftsräumen der Personalberatung einem Bekannten begegnen, doch die Gefahr ist deutlich geringer als an einem belebten Ort. Die auf Diskretion getrimmten Mitarbeiter der Personalberatungen achten darauf, dass die Kandidaten in ihren Räumen nach Möglichkeit niemandem außer dem jeweiligen Berater begegnen. Großraumbüros oder gläserne Besprechungszimmer werden Sie vor allem in den größeren Personalberatungsgesellschaften nicht finden. Einzelbüros sind Standard, die Türen meist geschlossen. Das gibt den Fluren oft eine gespenstisch wirkende Stille. Aber es verschafft Ihnen als Kandidat auch die Sicherheit, nicht von Dritten gesehen zu werden.

Die Frage, wann dieses Treffen stattfindet, haben in den meisten Fällen Sie als Kandidat in der Hand. Der Headhunter wird Sie fragen, wann es Ihnen zeitlich am besten passt. Schließlich ist es für Sie mit mehr Aufwand verbunden als für ihn, sich im Arbeitsalltag Zeit für ein solches Gespräch zu nehmen. Die übliche Dauer eines solchen Gesprächs beträgt eine Stunde. Doch je nachdem, wie ausführlich ein Kandidat auf die Fragen antwortet, wie lange der Smalltalk davor und danach dauert, können schnell auch einmal ein paar Minuten mehr daraus werden. Kalkulieren Sie also besser ein wenig mehr Zeit ein.

So sehr Sie sich auf dieses Gespräch freuen und damit Hoffnungen auf einen beruflichen Wechsel verbinden, vergessen Sie nicht, dass Sie noch in den Diensten Ihres aktuellen Arbeitgebers stehen. Und dass Sie dies auch nach dem Gespräch mit dem Personalberater tun werden – mal nur noch für kurze Zeit, mal aber auch für die nächsten Jahre, je nachdem, ob Sie die Position bekommen oder nicht. Sie sollten also einerseits alles daran setzen, den Termin möglichst bald einzurichten, andererseits aber nicht Ihre Arbeit vernachlässigen und Ärger mit Ihrem Arbeitgeber riskieren.

Wenn Sie das Gespräch während der normalen Büroarbeitszeit führen wollen, nehmen Sie sich dafür, wie für andere private Termine auch, frei. Bauen Sie zum Beispiel Ihr Überstundenkonto ab, reichen Sie einen halben Tag Urlaub ein. Kommen Sie nicht auf die Idee, heimlich nach einem anderen Geschäftstermin noch schnell zur Personalberatung zu eilen. Sie laufen immer Gefahr, dass dies durch irgendeinen unglücklichen Zufall herauskommt und Sie damit Ihren Job riskieren.

Wer keine Überstunden abbauen kann und auch keinen Urlaubstag nehmen will oder kann, sollte den Personalberater um einen Termin außerhalb der regulären Arbeitszeit bitten – in den frühen Morgenstunden, in der Mittagspause, am Abend – um Konflikte mit dem Chef von vornherein zu vermeiden. Personalberater sind sich darüber bewusst, dass die Terminfindung für die Kandidaten nicht einfach ist. Manche ermöglichen deshalb auch Termine am Wochenende. Bieten Sie dem Berater ein oder zwei Möglichkeiten innerhalb der nächsten zwei Wochen an, zu denen Sie das Gespräch aller Wahrscheinlichkeit nach einrichten könnten.

Keine Sorge: Wenn Sie kurzfristig um eine Verschiebung bitten müssen, etwa, weil Sie auf eine Dienstreise müssen oder noch eine Präsentation angesetzt wurde, wird der Personalberater dafür Verständnis haben und mit Ihnen nach einem Alternativtermin schauen. Vorausgesetzt, es entwickelt sich daraus keine „Dauer-Verschieberitis". Im Gegensatz zu einer einmaligen Verlegung wird er das mehrfache Ver- und Hinausschieben des Gesprächstermins als Zeichen von Desinteresse werten und den Kontakt bald abbrechen.

Sparen Sie sich gestresste „Ich hab so viel zu tun, in den nächsten drei Wochen sieht es ganz schlecht aus"-Bemerkungen!

Je mehr Sie verdeutlichen wollen, was für ein toller Hecht Sie sind, auf den ein Unternehmen keine Minute verzichten kann, desto unglaubwürdiger machen Sie sich. Personalberater reagieren allergisch auf solche Äußerungen. Niemand ist so wichtig, dass er sich nicht einmal für einige Stunden frei nehmen könnte. Wenn Sie wirklich an der Position interessiert sind, können Sie ein Treffen einrichten.

Noch ein Tipp: Es kommt gelegentlich auch vor, dass ein Personalberater nicht danach fragt, ob Sie selbst Interesse an einem beruflichen Wechsel hätten, sondern ob Sie jemanden kennen, der auf eine bestimmte Position passen könnte. Diese Frage kann tatsächlich so gemeint sein, wie sie gestellt ist. Es gibt aber auch Personalberater, die stellen grundsätzlich immer nur die „Kennen Sie jemanden"-Frage, weil sie die indirekte Frageweise bevorzugen. Was Sie in diesem Zusammenhang wissen sollten: Sie müssen in dieser Situation nicht unbedingt Ihre Kontaktdatei durchforsten und einen Kollegen empfehlen, wenn Sie selbst gerne den Finger heben würden. Wenn Sie sich in der Position wiedererkennen, können Sie sich ruhig selbst ins Spiel bringen.

Und noch etwas: Manchmal kommt es auch vor, dass Personalberater für sich selbst Mitarbeiter suchen. Wundern Sie sich also nicht, wenn die Frage kommen sollte, ob Sie sich vorstellen könnten, selbst Personalberater zu werden. Besonders, wenn Sie im Rahmen Ihrer beruflichen Tätigkeit auch schon mit Personalthemen zu tun hatten, ist diese Frage gar nicht so ungewöhnlich.

4 Bitte beantworten Sie folgende Fragen! Vorauswahl via Internet

Sie wurden von einem Headhunter kontaktiert, die ersten Telefonate verliefen positiv, Sie haben vereinbart, sich demnächst zu treffen. Lassen Sie sich nicht irritieren, wenn Sie von der Personalberatungsgesellschaft vorher noch dazu aufgefordert werden, einen Test im Internet zu durchlaufen. Solche Tests, im Managementdeutsch auch „E-Assessments" genannt, sind durchaus verbreitet. Nicht jede Personalberatung arbeitet damit, aber vor allem die größeren Gesellschaften setzen dieses Instrument gerne ein, um einen ersten Eindruck von einem bislang unbekannten Kandidaten zu bekommen.

Hintergrund des Tests ist es, dass manche Personalberater vor dem persönlichen Gespräch mit einem Kandidaten einen auf ein oder zwei Seiten gefassten Bericht vor sich haben wollen, über welche fachlichen und sozialen Kompetenzen der- oder diejenige verfügt. Wenn Sie also im Vorfeld eines Treffens mit einem Personalberater aufgefordert werden, einen solchen Online-Test zu durchlaufen, dann sollten Sie das nicht als Zeichen dafür werten, dass man Ihnen gegenüber besonders misstrauisch ist. Diese Tests gehören dann vielmehr zum Standardprozess, den jeder Kandidat zu durchlaufen hat, der zum ersten Mal mit der jeweiligen Personalberatung Kontakt hat.

Es geht den Headhuntern in diesem Stadium des Suchprozesses nicht darum zu schauen, welcher Kandidat für die zu besetzende Position am besten geeignet, wer der Favorit ist. Es geht auch nicht darum, aus einer Vielzahl von potentiellen Kandidaten erst einmal die Hälfte oder mehr auszusieben. Es handelt sich vielmehr um eine Negativauswahl: Mit Hilfe der E-Assessments filtern Personalberater heraus, mit wem sie sich auf gar keinen Fall treffen sollten, weil der Kandidat elementare Anforderungen an die Position nicht erfüllt.

Das kommt eher selten vor, weil Researcher und Berater in der Auswahl von interessanten Kandidaten in der Regel recht treffsicher sind. Nur in Ausnahmefällen schneidet jemand in dem Test so schlecht ab, dass er keine Einladung zum persönlichen Gespräch bekommt oder wieder ausgeladen wird. Sonst sind die Ergebnisse des Tests ein erster Eindruck, eine Basis für das Gespräch – nicht mehr, aber auch nicht weniger.

In den meisten Fällen können Sie den Test durchführen, wann immer Sie wollen, da es sich um einen Online-Test handelt. Papiertests gibt es kaum noch. In der Regel bekommen Sie vom Headhunter selbst oder von dem Dienstleister, den die Personalberatung beauftragt hat, einen Link und Ihre persönlichen Zugangsdaten für eine Internetseite geschickt, auf der Sie den Test durchlaufen können.

Achtung: Eventuell haben Sie nur einmal die Gelegenheit, sich mit Ihren Zugangsdaten anzumelden!

Es gibt E-Assessments, die so angelegt sind, dass eine Wiederholung ausgeschlossen ist. Ob das bei Ihnen so ist, erfahren Sie in der Einladung. Machen Sie den Test nicht im Büro, sondern zuhause. Sonst könnte Ihr Arbeitgeber misstrauisch werden, was Sie auf den entsprechenden Internetseiten zu suchen haben. Und konzentrieren Sie sich – weder sollten im Hintergrund Ihre Kinder toben, noch sollten Sie zwischendrin ans Telefon gehen. Sie sollten sicherstellen, dass Sie während des gesamten Tests ungestört sind.

Die zeitliche Dauer unterscheidet sich je nach Dienstleister und Wunsch der Personalberatung. Mal sind Sie schon nach 20 Minuten fertig, in anderen Fällen kann es auch eine Stunde dauern, bis Sie alle Fragen beantwortet haben. Außerdem sollten Sie sich vor Beginn des Tests darüber im Klaren sein, ob Sie sich für die Beantwortung der Fragen an ein Zeitlimit halten müssen oder ob es egal ist, wie lange Sie für die Bearbeitung brauchen. Nicht jeder Test ist mit einer solchen Begrenzung versehen, aber ausgeschlossen ist es nicht, dass die Personalberater auch sehen wollen, wie viele Aufgaben Sie in begrenzter Zeit schaffen. Gibt es ein Zeitlimit, dann läuft in der Regel am Bildschirmrand eine Uhr mit, damit Sie jederzeit sehen können, wie viele Minuten Ihnen noch für die Bearbeitung bleiben.

Die Verfahren gliedern sich meist in verschiedene Blöcke. Grob gesagt sollen die Tests drei verschiedene Dinge ans Licht bringen:

1. fachliche Kompetenzen: Ihr Zahlen- und Textverständnis,
2. soziale Kompetenzen: Ihr Umgang mit anderen Menschen,
3. Motivationsfaktoren: Was Sie zu Höchstleistungen antreibt.

Es gibt auch Tests, die sich ausschließlich auf die letzten beiden Aspekte konzentrieren. In jedem Fall gilt: Sobald Sie sich auf der jeweiligen Internetseite angemeldet haben, erfahren Sie in einem einführenden Text, welche Art von Fragen Sie im Einzelnen erwarten, wie die Beantwortung erfolgt, wie lange das Ganze dauert und ob Sie die Möglichkeit haben, abzubrechen und noch einmal von vorne anzufangen.

E-Assessments beginnen oft mit einer Übung zum Zahlenverständnis. Damit sind keine simplen Rechenaufgaben, etwa zur Prozentrechnung, gemeint, wie sie gelegentlich in Auswahltests für Berufseinsteiger gestellt werden. Stattdessen werden Sie gebeten, statistische Informationen aus einem realen Arbeitsumfeld in einen Zusammenhang zu setzen. Sie bekommen beispielsweise in Tabellen und Grafiken Zahlenmaterial zu Produkten, Kunden und Marktanteilen gezeigt und sollen anschließend unter mehreren vorgegebenen Aussagen die zutreffende auswählen. So soll getestet werden, ob Sie aus Zahlenmaterial die richtigen Schlussfolgerungen ziehen. Falls Sie kein Meister des Kopfrechnens sind: Legen Sie sich sicherheitshalber einen Taschenrechner zur Seite, auch wenn Sie ihn in der Regel nicht brauchen werden.

Auch Tests des verbalen Verständnisses sind möglich. In diesem Fall sollen Sie aus einem vorgegebenen Text die richtigen Schlussfolgerungen ziehen. Meist haben diese Texte zumindest entfernt etwas mit Ihrem Berufsfeld zu tun. Sie bekommen zum Beispiel eine Beschreibung des indischen Marktes für Outsourcing-Dienstleistungen zu lesen, die viele Informationen über Anbieter, Umsätze und Mitarbeiterzahlen enthält. Sie sollen dann unter mehreren vorgegebenen Aussagen diejenige auswählen, die sich aus dem Text herleiten lässt. Wichtig: Deuten Sie in diesem Fall nichts in den Text hinein, was dort nicht steht. Ihre persönliche Interpretation der Marktlage ist an dieser Stelle nicht gefragt. Die richtige Antwort ergibt sich aus den Fakten – und genauem Lesen.

Ebenfalls beliebt ist es, das abstrakte Denkvermögen eines Kandidaten zu testen. Hier haben die Aufgaben nichts mit Ihrem Arbeitsumfeld zu tun, sondern Sie arbeiten mit geometrischen Formen. Sie bekommen beispielsweise eine Abfolge von Diagrammen zu sehen, etwa einen Pfeil, der in jedem Kästchen in eine andere Richtung zeigt. Das letzte Kästchen ist leer – Sie müssen auswählen, welche der vorgegebenen Antwortmöglichkeiten die Reihenfolge logisch fortführt. Auch auf diese Weise will der Personalberater herausfinden, wie schnell Sie Informationen verarbeiten und zu einer logischen Konsequenz zusammenfügen.

Fragen zum Allgemeinwissen werden in E-Assessments so gut wie nie gestellt. Was in Artikel 2 des Grundgesetzes steht, wie der afghanische Präsident heißt, welche Länder Mitglied der Europäischen Union sind, wie die Minister im Bundeskabinett heißen – solche Wissensfragen können Führungskräfte schnell als persönliche Beleidigung auffassen, deshalb lassen die meisten Personalberater von solchen Aufgabenstellungen lieber die Finger.

In E-Assessments wird kein Fachwissen geprüft, sondern in erster Linie das logische Denken.

Haben Sie die Zahlen- und Textaufgaben geschafft, geht es im weiteren Verlauf eines E-Assessments um Ihre Persönlichkeit, Ihren Charakter. Sie werden darum gebeten anzukreuzen, wie Sie sich in bestimmten Situationen des Berufslebens verhalten würden. In Erfahrung gebracht wird zum einen Ihr zwischenmenschliches Verhalten: Wie selbstsicher treten Sie auf, wie überwinden Sie Widerstände, wie arbeiten Sie mit anderen zusammen? Zum anderen geht es um Ihren Arbeitsstil: Wie organisieren Sie Ihre Arbeit? Wie detailverliebt sind Sie? Wie flexibel reagieren Sie auf Veränderungen? Wie gut können Sie mit Stress umgehen? Wie ehrgeizig sind Sie? Wie wichtig sind Ihnen Erfolge?

All diese Fragen bekommen Sie nicht in dieser direkten Form gestellt, sondern in indirekter. Es handelt sich beispielsweise um Sätze wie

„Mir gelingt es gut, auf die Wünsche anderer Rücksicht zu nehmen."
„In einer Gruppe übernehme ich oft die Rolle des Moderators."
„Ich bin schnell enttäuscht, wenn ich ein Ziel nicht erreiche."
„Ich biete anderen gerne meine Hilfe an."

„Ich sehe immer die positiven Seiten einer Sache."
„Ich verfolge gerne vorgeschriebene Abläufe."

Manchmal sind lediglich „Ja-Nein-Antworten" möglich, mal müssen Sie auf einer Skala von 1 bis 5 ankreuzen, inwieweit die Aussage auf Sie zutrifft. Ebenfalls üblich ist es, dass Sie eine kurze Situationsbeschreibung erhalten, verbunden mit der Frage „Wie reagieren Sie?" Dann sollen Sie aus einem von vier oder fünf Antwortsätzen den ankreuzen, der am ehesten Ihrer Vorgehensweise entspricht.

Wenn Sie die Wahl zwischen verschiedenen Abstufungen haben: Kreuzen Sie nicht immer nur die mittleren Antwortkategorien an, sonst erwecken Sie den Eindruck, als ob Sie jemand sind, der sich um klare Antworten drückt, der sich nicht festlegen will. Wenn Sie dagegen ausschließlich die Extreme ankreuzen, liegt der Verdacht nahe, dass Sie ein Mensch sind, der nicht zu Kompromissen bereit ist. Besser ist eine gesunde Mischung aus beidem. Kreuzen Sie eine mittlere Kategorie an, wenn Sie sich nicht sicher sind, was genau Ihre Position wäre. Kreuzen Sie eine Extrem-Antwort an, wenn diese Ihr Verhalten eindeutig trifft. So wirken Sie glaubwürdig.

Daneben verwenden die Personalberater in der Online-Vorauswahl gelegentlich Motivationsfragebögen, in denen sie herausfinden wollen, was Sie im tiefsten Inneren antreibt. Wann sinkt Ihre Motivation, wann steigt sie? Wovon hängt Ihre Zufriedenheit am Arbeitsplatz ab? Auch diese Fragen bekommen Sie nicht direkt gestellt, sondern müssen aus verschiedenen Antwortmöglichkeiten auswählen. Beliebt ist es, dass Kandidaten angefangene Sätze fortführen, zum Beispiel so:

„Verantwortung zu übernehmen ...
a) senkt meine Motivation deutlich."
b) wirkt sich auf meine Arbeitsmotivation nicht aus."
c) erhöht meine Motivation."

„Vor eine kaum lösbare Aufgabe gestellt zu werden ...
a) senkt meine Motivation deutlich."
b) wirkt sich auf meine Arbeitsmotivation nicht aus."
c) erhöht meine Motivation."

Anders als beim Test des Zahlenverständnisses und des abstrakten Denkens gibt es bei diesen Verhaltens- und Einstellungsfragen keine „Richtig-oder-Falsch-Antworten". Was Sie beachten sollten: So verlockend es auch sein mag, immer die Antworten anzukreuzen, die „richtig" klingen, die Sie in einem möglichst guten Licht erscheinen lassen – versuchen Sie, ehrlich zu bleiben. Bei der Auswertung des Tests fällt es negativ auf, wenn Sie immer die Antworten angeklickt haben, die Sie besonders positiv darstellen. Kein Mensch ist perfekt, das wissen auch die Personalberater.

Geballtes Selbstlob fällt deshalb auf, weil nach dem Test die dahinter stehende Software automatisch einen Bericht erstellt. Dort sind Ihre Antworten zum einen in Form von Balken und Zahlen dargestellt. Außerdem enthalten die Berichte eine verbale Beschreibung. Jede Frage im E-Assessment ist einer bestimmten Kategorie zugeordnet, in die sich der Bericht gliedert. Solche Kategorien können zum Beispiel „Handlungsorientierung", „Flexibilität" und „Führungsmotivation" sein. Durch diese übersichtliche Gliederung wird offensichtlich, wer sich auffällig positiv dargestellt oder gar in Widersprüche verstrickt hat.

Die Computertests sind darauf getrimmt, Kandidaten zu entlarven, die immer die sozial erwünschten Antworten anklicken.

Wer zu viele solcher Ungereimtheiten hinterlässt, läuft Gefahr, dass der Personalberater lieber doch von einem Treffen absieht oder zumindest sehr skeptisch in das Gespräch hineingeht.

In dem automatisch generierten Abschlussbericht stehen zum Beispiel Sätze wie dieser:

„Im Herangehen an Probleme und Aufgaben beschreibt sich Herr X als jemand, der sich sehr rasch entscheidet und äußerst schnell zupackt. Er beschreibt sich als sehr selbstbewusst und sicher im Auftreten ..."

Außerdem werden Ihre Antworten ins Verhältnis zu den Antworten einer Referenzgruppe gesetzt. Etwa so:

„Frau Y beschreibt sich als eine Person, der im Vergleich zur Mehrheit der Führungskräfte die Übernahme von Führungsverantwortung wichtiger erscheint."

Keine Sorge: Es gibt nicht eine Referenzgruppe für alle, sondern getrennte Vergleichsgruppen, etwa eine mit Hochschulabsolventen und Berufseinsteigern und eine für erfahrene Manager.

Bei manchen Personalberatungen bekommt der Kandidat nach dem Durchlaufen des E-Assessments den kompletten Bericht angezeigt, den auch der Personalberater erhält. Andere geben dem Kandidaten nach dem Test telefonisch ein kurzes Feedback, andere kommen im persönlichen Gespräch auf die Kernaussagen des Berichts zu sprechen. Wieder andere äußern sich gegenüber dem Kandidaten gar nicht zu den Ergebnissen des Tests – die Vorgehensweisen sind recht unterschiedlich. Wenn Sie gerne wissen würden, welches Bild das E-Assessment von Ihnen ergeben hat, scheuen Sie sich nicht, nachzufragen.

Ein Tipp zum Schluss: Ein Anbieter, der regelmäßig E-Assessments für Personalberatungen durchführt, ist SHL. Unter www.shldirect.com/de können Kandidaten Beispielfragen zu allen Fragekomplexen einsehen und Übungstests absolvieren. Zwar variieren die Verfahren von Unternehmen zu Unternehmen – eine gute Möglichkeit, um sich vorzubereiten, ist diese Internetseite aber allemal.

5 Warum sitzen Sie eigentlich hier?
Das entscheidende Gespräch

Kleiner Headhunter-Knigge

Sie haben es geschafft, sich so interessant für einen Personalberater zu machen, dass er Sie zu einem Gespräch treffen will? Gratulation! Damit sind Sie schon deutlich weiter gekommen als viele andere. Angesichts der Stundensätze, die Berater üblicherweise verlangen – mehrere hundert Euro sind auf Partnerebene keine Seltenheit –, können Sie die Einladung als ein Zeichen der Anerkennung werten. Denn Berater werden während ihres Berufslebens schon frühzeitig darauf getrimmt, keine wertvolle Zeit für nicht lohnende Dinge zu verschwenden.

Von einem klassischen Vorstellungsgespräch unterscheidet sich das Gespräch mit einem Personalberater vor allem dadurch, dass es sich um ein weitaus breiter gefasstes Gespräch handelt. Während Personalverantwortliche von Unternehmen Kandidaten vor allem im Hinblick darauf beurteilen, ob sie mit ihrem Wissen und ihrer Erfahrung gut eine bestimmte Stelle ausfüllen würden, ob sie sympathisch sind und sich gut in ein bestehendes Team einfügen würden, haben Personalberater eine offenere Herangehensweise. Sie führen keine situativen, nur auf die konkrete Stelle bezogenen Gespräche wie Unternehmensvertreter, sondern verhaltensbezogene Interviews, in der Personalersprache auch „behavioral interviews" genannt.

Personalberatern geht es darum, Menschen kennenzulernen, zu verstehen, was sie antreibt, und so ein Gefühl dafür zu bekommen, wohin ein Karriereweg führen und zu welchen Aufgaben und Unternehmen jemand gut passen könnte. Natürlich tun Headhunter das nicht ins Blaue hinein: Sie haben einen Auftrag, wollen einen geeigneten Kopf für eine vakante Position finden und damit Geld verdienen. Aber sie denken auch daran, dass der Kandidat, wenn nicht auf diese Stelle und zu diesem Unternehmen, vielleicht zu späterer Gelegenheit auf eine andere Position passen könnte.

Für die Kandidaten bedeutet dieser Unterschied in der Herangehensweise, dass sie sich im Gespräch mit einem Personalberater deutlich mehr als in einem gewöhnlichen Vorstellungsgespräch auf psychologische Fragetechniken gefasst machen müssen. Es geht nicht allein um Fakten, sondern insbesondere um die Persönlichkeit, die der Personalberater ergründen will. Das geschieht gerne durch wiederholtes, hartnäckiges Nachfragen, aber auch durch provozierende Bemerkungen. Rechnen Sie damit, dass Ihr Gegenüber ein Profi ist – und Sie auch mal aus der Reserve locken wird.

Das heißt nicht, dass Sie sich auf ein Verhör wie bei der Kriminalpolizei einstellen müssen. Ziel des Personalberaters ist nicht, Sie bloßzustellen. Weder wird er Sie wie in der Schule oder in der Universität Fachwissen abfragen, noch wird er Sie verbal so sehr in die Enge treiben, dass es Ihnen den Schweiß auf der Stirn treibt, Sie sich in Widersprüchen verheddern und am Ende den Tränen nahe sind. Personalberater wissen, dass sich qualifizierte Kandidaten extreme und unfaire Belastungstests nicht gefallen lassen und den Kontakt zu einer Personalberatung gegebenenfalls abbrechen würden. Daran ist weder ihnen noch ihren Auftraggebern gelegen.

Neben der Fragetechnik ist ein weiterer Unterschied zu gewöhnlichen Vorstellungsgesprächen, dass Personalberater wesentlich versierter darin sind, Ihre Antworten und Ihr Verhalten zu analysieren. Personalberater haben vielfach eine psychologische Ausbildung durchlaufen, hinzukommen regelmäßige Schulungen und nicht zuletzt der Erfahrungsschatz aus Hunderten Gesprächen. Ihnen fallen Dinge auf, die viele Personalchefs von Unternehmen nicht bemerken.

Denken Sie immer daran, dass jede Bemerkung, jede Regung von Ihnen genau registriert wird!

Wer einmal ein Gespräch mit einem Personalberater absolviert hat, ist hinterher oft erstaunt darüber, welch präzises Bild der Berater nach einer Stunde von seinem Gegenüber hat.

Grundsätzlich gibt es zwei verschiedene Arten von Gesprächen, die Sie mit einem Personalberater führen können: entweder ein unverbindliches Kennenlernen oder ein Treffen wegen einer konkreten Position. Um welche Art von Gespräch es sich in Ihrem Fall handelt, wissen Sie aus dem vorangegangenen Telefonat. War nur davon die Rede, dass Sie einen interessanten Werdegang haben und ob man sich nicht mal bei Gelegenheit auf einen Kaffee treffen wolle, dann handelt es sich um ein unverbindliches erstes Beschnuppern. Das ist toll – aber um eine konkrete Position wird es dabei nicht gehen. Berater lernen in ihrem Berufsleben, während Dienstreisen oder zwischen mehreren Terminen an einem Ort die Leerzeiten sinnvoll zu nutzen. Und sinnvoll heißt dabei oft: Leute treffen, die man zwar nicht unbedingt sehen müsste, aber durchaus mal treffen könnte. Gut möglich, dass Sie auch einmal solch ein Lückenfüller sind.

Im Folgenden soll es nicht um das lockere Kennenlernen gehen, sondern um jene Gespräche, die sich um die Besetzung einer konkreten Position drehen. In diesem Fall weiß der Kandidat aus dem Telefonat bereits, dass der Headhunter den Auftrag hat, eine Stelle in einem Unternehmen zu besetzen, um was für eine Aufgabe und was für ein Unternehmen es sich handelt, wenn auch oft noch nicht den genauen Namen. Umgekehrt weiß der Personalberater aus dem Telefonat, dass der Kandidat prinzipiell wechselbereit ist, sonst würde es das Treffen nicht geben.

Die Kleiderfrage

Der Termin für das Treffen ist gefunden, auch der Ort steht fest – alles wunderbar. Wäre da nicht morgens vor dem Kleiderschrank die Frage: Was ziehe ich bloß an? Sowohl für Männer als auch für Frauen gilt es, nicht zu leger, aber auch nicht zu gestylt zu dem Gespräch zu erscheinen – eine Gratwanderung.

Berater zählen zu den vergleichsweise gut gekleideten Berufsgruppen, ganz gleich, ob sie Unternehmens- oder Personalberater sind. Ihre häufig überdurchschnittlich hohen Einkommen ermöglichen es ihnen, sich hochwertig zu kleiden. In der Branche herrscht ein ungeschriebener Dresscode, der für Männer lautet: dunkler Anzug, Hemd mit Krawatte, Manschettenknöpfe, dunkle Schuhe, bevorzugt mit Ledersohle. Beraterinnen tragen in der Regel Kostüme oder Hosenanzüge. Unauffällig, professionell, hochwertig.

Gehen Sie davon aus, dass Sie einem sehr gut gekleideten Menschen gegenüber treten werden!

Und dass sich dieser nicht nur im Hinblick auf Ihren Werdegang ein Bild von Ihnen machen wird, sondern auch in optischer Hinsicht.

Auch wenn sich der Kleidungsstil der Berater sehr ähnelt: Für Kandidaten gibt es keinen einheitlichen Dresscode. Es muss nicht per se der dunkle Anzug mit dem weißen oder blauen Hemd und der gestreiften Krawatte sein, auch wenn viele Berater so herumlaufen. Als Kandidat sollten Sie gut gekleidet sein, geschmackvoll, aber Ihr eigener Stil darf durchaus erkennbar bleiben. Kleiden Sie sich am besten so, wie Sie das auch zu einem wichtigen Kundentermin oder einer wichtigen Präsentation in Ihrem Unternehmen tun.

Der Mitgründer des Videospielherstellers Electronic Arts soll einmal gesagt haben: „Wenn du nichts zu sagen hast, dann trage einen Anzug." Stilberater sehen das anders. In ihren Augen ist für Männer der klassische Anzug (Einreiher, ohne Weste) ebenso wie für Frauen der klassische Hosenanzug die beste Wahl für wichtige Gespräche aller Art. Modische Akzente können Männer durch die Farbwahl des Hemdes oder der Krawatte setzen, Frauen durch das Oberteil unter dem Blazer.

Für Männer empfiehlt sich dabei: entweder ein Hemd mit interessantem Muster oder ein Hemd in einer kräftigen Farbe – in beiden Fällen ohne Krawatte. Oder aber ein unauffälliges Hemd – dann auch gerne mit einer modischen Krawatte. Wichtig ist, dass der Gesamteindruck nicht zu leger wirkt. Für Frauen gilt: Ein auffälliges Kleidungsstück ist genug. Etwa das T-Shirt oder der Rolli in einer Knallfarbe unter dem Hosenanzug. Oder ein auffälliger Gürtel. Oder ein auffälliger Schal. Aber keinesfalls alles zusammen. Frauen sollten außerdem darauf achten, mit Schmuck sparsam umzugehen. Zu viel Schmuck an Ohren, Hals und Händen wirkt schnell „billig". Und es stört im Gespräch, wenn unentwegt Armband oder Ohrringe klimpern. Gehen Sie außerdem sparsam mit Parfüm um.

Wenn sie nach verbreiteten Kleidungsfehlern gefragt werden, antworten Stilberater unisono: Frauen neigen dazu, zu enge Oberteile zu tragen. Männer kaufen Anzüge oft eine Nummer zu groß. Als Faustregel gilt: Die Sakkoärmel sollten zwei Zentimeter vom Hemd freigeben. Kurzarmhemden unter dem Sakko sind tabu. Was viele auch nicht wissen: Während der Begrüßung sollte das Sakko geschlossen bleiben. Geöffnet wird es erst, wenn man sich setzt. Ein anderer verbreiteter Stilfehler ist es, Socken zu tragen, deren Farbe nicht zu Anzug und Schuhen passt.

Gleiches gilt für zu kurze Socken, die im Sitzen den Blick auf das Bein erlauben oder abgetragene Socken, durch deren Stoff schon die Haut schimmert.

Ein guter Anzug lässt sich daran erkennen, dass Hose und Sakko möglichst wenige Knitterfalten aufweisen, wenn man sich von einem Stuhl erhebt. Anzüge sollten aus 100 Prozent reiner Schurwolle bestehen – nicht aus Polyester. Wer sich für das Gespräch mit dem Personalberater neue Kleidungsstücke kauft, sollte das beachten. Marken sind kein Muss, aber 500 Euro sind nach Meinung professioneller Einkleider nicht zu viel verlangt für einen guten Anzug.

Gesetzt den Fall, Sie haben die Kleiderhürde genommen, fühlen sich wohl in dem, was Sie tragen, und sind auf dem Weg zu dem Treffen: Kalkulieren Sie Ihre Anreise so, dass Sie pünktlich sind.

Kommen Sie höchstens fünf Minuten später als vereinbart! Alles, was darüber hinausgeht, wird als unhöflich empfunden.

Wenn Sie plötzlich mit dem Auto in einen Stau geraten oder die Bahn wegen eines Oberleitungsschadens stehen bleibt, rufen Sie Ihren Gesprächspartner vom Handy aus an, entschuldigen Sie sich und fragen Sie nach seinem Zeitplan. Vielleicht passt es ihm auch später noch, vielleicht ist es aber auch besser, einen neuen Termin zu vereinbaren. Voraussetzung ist, dass Sie die Nummer des Beraters mit auf die Fahrt genommen haben.

Das Wartezimmer

Wenn Sie in den Räumen der Personalberatungsgesellschaft eingetroffen sind, werden Sie unter Umständen mit einer Besonderheit dieser Branche Bekanntschaft machen: dem Einzelwartezimmer. Aus Gründen der Diskretion verzichten viele Personalberatungsgesellschaften auf eine zentrale Wartezone für alle Besucher, etwa die sonst übliche Sitzecke neben dem Empfangstresen. Stattdessen gibt es mehrere kleine Einzelwartezimmer, oft nur wenige Quadratmeter groß, oft auch ohne Fenster. Darin steht meist ein Sessel und ein Tischchen mit einer Auswahl von Tageszeitungen und Wirtschaftsmagazinen – mehr nicht. Lassen Sie sich davon nicht einschüchtern.

Nehmen Sie auf dem Sessel Platz, ohne allzu gemütlich in die tiefen Lederschichten zu versacken. Gerade Haltung, aufrechter Rücken, Sie sollen es sich hier nicht wie für einen häuslichen Fernsehabend bequem machen. Jeden Moment kann der für Sie zuständige Personalberater nach einem kurzen Pro-forma-Klopfen zur Tür hereinkommen. Blättern Sie ein wenig im Lesestoff, eher in den Magazinen als in den Tageszeitungen, letztere sollten Sie schließlich schon am Frühstückstisch gelesen haben. So manches Thema kann später ein Anknüpfungspunkt für den Smalltalk sein.

Auch wenn Sie eigentlich das Gefühl haben, Sie haben gerade schon lange genug gesessen, sei es im Zug oder im Auto, sollten Sie sich setzen. Zum Herumlaufen sind die Wartezimmer selten groß genug.

> **Vermeiden Sie es, im Wartebereich wie ein Tiger im Käfig auf und ab zu schleichen, das wirkt unsouverän!**

Natürlich wissen Personalberater, dass Sie vor diesem Gespräch nervös sind. Allzu sehr anmerken sollte man Ihnen das aber nicht. Sollten Sie dazu neigen, in kniffligen Situationen schwitzige Hände zu bekommen: Trocknen Sie diese während der Wartezeit noch mal, um ein erschrockenes Zurückzucken des Beraters beim Händedruck zu vermeiden.

Wer Sie irgendwann aus dem Wartezimmer befreit, ist von Fall zu Fall unterschiedlich – und entsprechend tückisch. Mal holt der Personalberater oder die Personalberaterin Sie selbst zum Gespräch ab, mal ist es ein Assistent oder eine Assistentin, es gibt dafür keine festen Regeln. Wer vorher im Internet schon nach einem Foto seines Gesprächspartners gesucht hat, ist an dieser Stelle auf jeden Fall im Vorteil, weil er weiß, ob er den Berater vor sich hat. Ansonsten gilt: Genau auf den Namen hören, auch wenn er noch so schnell dahin gesagt wird, damit Sie wissen, mit wem Sie es zu tun haben.

Rechnen Sie stets damit, dass der Berater, mit dem Sie im Vorfeld Kontakt hatten, das Gespräch möglicherweise nicht alleine führt. Häufig nehmen Personalberater Termine zu zweit wahr, nach dem Motto: Vier Augen sehen mehr als zwei. Die Aufgabenteilung sieht dann so aus, dass der erfahrenere Berater das Gespräch führt und der jüngere mitschreibt und gelegentlich Zwischenfragen stellt. Auch den Namen dieses Ko-Gesprächsführers sollten Sie sich gut merken, selbst wenn er noch so still ist. Es könnte gut sein, dass Sie mit ihm später noch einmal Kontakt haben werden. Ignorieren Sie ihn also nicht, sondern sprechen und blicken Sie auch ihn immer wieder an. Damit signalisieren Sie, dass Sie ihn ernst nehmen, ihm Respekt zollen – eine Eigenschaft, die eine gute Führungskraft auszeichnet.

? | **„Wie war Ihre Anreise, haben Sie gut zu uns gefunden?"**

Was nach der ersten Begrüßung folgt, ist der klassische Smalltalk, das Plaudern über Belanglosigkeiten, das den Start jedes geschäftlichen Gesprächs auflockern soll. Als Antwort ist nicht die langatmige Beschreibung gefragt, wann Sie welchen Zug wohin genommen haben und was Ihnen dabei alles widerfahren ist. Auch Schimpftiraden auf die Verspätungen der Deutschen Bahn verbieten sich, Sie wollen schließlich nicht als ersten Eindruck beim Personalberater hinterlassen, dass Sie ein notorischer Nörgler sind.

Während des Austauschs der Anreisefloskeln werden häufig auch nebenbei Visitenkarten ausgetauscht. Sie können an dieser Stelle Ihre berufliche Visitenkarte verwenden – aufgrund Ihrer aktuellen beruflichen Position sind Sie schließlich eingeladen. Wer möchte, kann mit einem flinken Griff zum Kugelschreiber auch noch schnell seine private Mobilnummer auf der Visitenkarte notieren.

Fingern Sie keine billigen Plastikkugelschreiber aus dem Anzug oder der Handtasche!

Ein werbefreier Kugelschreiber aus Metall signalisiert Professionalität und Stil. Wer gerade keine Stelle innehat, sollte sich im Vorfeld private Visitenkarten drucken lassen, auf denen die Mobilnummer schon vermerkt ist. Je schlichter und sachlicher, desto besser.

? „Was darf ich Ihnen zu trinken anbieten?"

Nach der Frage zur Anreise folgt meist die Getränkefrage. Manche Personalberater interpretieren voller Hingabe, ob jemand stilles Wasser (Langweiler) oder Sprudel (hart im Nehmen) bevorzugt, ob jemand lieber Tee trinkt oder Kaffee, und den Kaffee lieber mit Milch und Zucker oder schwarz. Alles lässt sich irgendwie deuten, doch Kandidaten sollten nicht allzu viele Gedanken daran verschwenden. Wer keine Wünsche wie einen doppelten Espresso (extravagant, kompliziert) äußert, wird nicht negativ auffallen. Die Getränkewahl ist nur ein Mosaikstein in dem Bild aus Auftreten, Händedruck und Smalltalk, das sich der Personalberater in den ersten Minuten von Ihnen macht.

Erfahrene Personalberater behaupten gelegentlich, dass sie schon nach den ersten Minuten eines Gesprächs ein ziemlich gutes Gefühl dafür haben, ob sich ein Kandidat für die zu besetzende Position eignet oder nicht. Das mag sein, heißt aber nicht, dass nur der Auftakt entscheidend ist. Personalberater sind so professionell, ihren ersten Eindruck im weiteren Verlauf des Gesprächs immer wieder zu überprüfen und ihn gegebenenfalls zu korrigieren. Falls Sie also das Gefühl haben, in der Anfangsaufregung nicht ganz Sie selbst zu sein, machen Sie sich keine Sorgen. Der erste Eindruck ist wichtig, aber er ist nicht alles.

Sind die Getränke verteilt, geht der Smalltalk meist noch ein paar Minuten weiter. Es geht darum, nicht gleich mit der Tür ins Haus zu fallen, sondern sich erstmal mit dem Gegenüber vertraut zu machen, eine angenehme Gesprächsbasis zu schaffen. Karriereberater raten, dass dezente Komplimente dabei nicht schaden können. Kandidaten können sich etwa interessiert danach erkundigen, von welchem Maler die Bilder im Flur oder im Besprechungsraum stammen. War der Personalberater vor dem Gespräch im Urlaub und der Kandidat weiß dies noch aus dem Telefonat zur Terminvereinbarung, signalisiert die Nachfrage „Wie war Ihr Urlaub?" Interesse am Gegenüber.

Beim Smalltalk geht es nicht darum, eine Meinung zu einem bestimmten Thema zu vertreten. Reden Sie nicht über Politik!

Im Smalltalk sollte nichts auf Ihre politischen Ansichten hinweisen, zu groß ist die Gefahr, dass Ihr Gesprächspartner anderer Meinung ist. Auch ein vehementer Kommentar zu diesem oder jenem Fußballverein kann schnell zur Stolperfalle werden.

Und es gilt: Fassen Sie sich kurz! Wenn das Gespräch darauf kommt, dass der örtliche Flughafen am Morgen wegen einer Notlandung kurzzeitig gesperrt werden musste, sollte Sie das nicht dazu veranlassen, zu einem Monolog über einen Gewitterflug anzusetzen, auf dem Sie vor einigen Jahren kräftig durchgeschüttelt wurden. Auch belehrende, lexikonartige Vorträge zu einem bestimmten Thema sollten Sie sich verkneifen. Die Rolle des Alleskönners und Alleswissers nimmt Ihnen ohnehin kein Personalberater ab.

Nach fünf bis zehn Minuten ist in aller Regel Schluss mit der Plauderei. Wann genau, entscheidet der Personalberater. Die Überleitung zum eigentlichen Anlass des Treffens ist seine Aufgabe, nicht Ihre. Er ist derjenige, der zum Gespräch geladen hat.

Kommen Sie nicht auf die Idee, die Gesprächsführung an sich zu reißen, um Ihre Führungsqualitäten zu demonstrieren!

Selbst wenn Sie keinen Smalltalk mögen: Geben Sie nicht der Versuchung nach, mit Fragen zu der zu besetzenden Position den Smalltalk abzukürzen. Das wirkt wie eine Flucht.

Handy und Blackberry sollten Sie spätestens im Wartezimmer auf stumm (ohne Vibrationsalarm!) gestellt oder komplett ausgeschaltet haben. Das mag wie eine Selbstverständlichkeit klingen, aber die Erzählungen vieler Personalberater zeigen, dass es keine ist. Falls Sie doch einmal aus Versehen vergessen haben sollten, Ihr Handy auszuschalten und es während des Gesprächs unüberhörbar klingelt oder brummt: Entschuldigen Sie sich, greifen Sie nach dem Gerät, schalten Sie es umgehend aus, ohne auf die Nummer zu achten oder auf die Idee zu kommen, das Gespräch anzunehmen, und lassen Sie das Gerät schnell wieder verschwinden. Und auch das sollte normal sein, ist es aber in der Praxis nicht immer: Handy und Blackberry haben nichts auf dem Besprechungstisch zu suchen, sondern gehören in die Tasche.

Nicht weniger wichtig als der Kleidungs-, Getränke- und Handyknigge ist Ihre Körperhaltung. Ein aufrechter Gang, ein gerader Rücken strahlen Souveränität aus, hängende Schultern dagegen nicht. Wer sich kleinmacht, erweckt den Eindruck, als ob er den Job dringend benötigt. Strahlt die Körperhaltung Selbstbewusstsein aus, wirkt der Kandidat dagegen wie jemand, der ein Angebot prüft, aber nicht darauf angewiesen hat. Vor dem Körper verschränkte Arme wirken abweisend. Wenn Sie beide Hände in den Hosentaschen vergraben, wirken Sie unsicher.

Nicht nur zur Begrüßung und beim anfänglichen Smalltalk kommt es auf Ihre Körperhaltung an: Auch während des Gesprächs ist es wichtig, dass Sie Ihre Körperhaltung überprüfen. Überlegen Sie immer, welchen Eindruck Sie auf Ihr Gegenüber machen.

Halten Sie Augenkontakt, sitzen Sie gerade und legen Sie die Hände auf den Tisch!

Wer sich lässig in seinem Stuhl zurücklehnt, die Beine ebenso lässig übereinander schlägt, gar noch die Hände im Nacken verschränkt, wirkt wie jemand, der sich nichts sagen lässt und sich selbst für den Größten hält. Wer sich ständig im Drehstuhl von links nach rechts und wieder zurück dreht, entlarvt sich als übertrieben nervöser Zeitgeist. Mit den ausgetauschten Visitenkarten zu spielen, wirkt ebenfalls wenig professionell.

Es gibt Headhunter, die in den Besprechungszimmern extra Glastische aufgestellt haben, um immer beobachten zu können, was der Kandidat während des Gesprächs mit seinen Beinen anstellt. Hat er souverän ein Bein übers andere geschlagen? Wippt er hektisch auf und ab? Außerdem ermöglichen die Glastische einen freien Blick darauf, welche Schuhe der Kandidat trägt – echtes Leder? Ledersohle? Abgelaufene Absätze? Geputzt? Auch wenn Glastische zu den Ausnahmen in der Branche gehören: Seien Sie sich darüber im Klaren, dass Sie keinen Moment unbeobachtet sind.

Und seien Sie sich bewusst, dass der Personalberater vor diesem Gespräch oft schon mehr über Sie weiß, als Ihnen vielleicht lieb ist. Er wird sich auf diesen Termin gewissenhaft vorbereitet haben. Beziehungsweise: Er hat sich von seinen Mitarbeitern darauf vorbereiten lassen. In der Mappe, die manche Personalberater mit zum Gespräch bringen und vor sich auf den Tisch legen, verbirgt sich keineswegs der schon fertige Arbeitsvertrag, wie manche Kandidaten vermuten und sich fortan in Sicherheit wiegen, sondern Unterlagen über Sie.

Zum einen findet sich darin Ihr Profil, die wichtigsten persönlichen Eckdaten und der berufliche Werdegang. Nicht in Form des von Ihnen eingereichten Lebenslaufs, sondern in einem standardisierten Formular, das jede Personalberatung für sich selbst entwickelt hat, um eine einheitliche Darstellungsform für alle Kandidaten zu haben. Außerdem liegt in dieser Mappe vielfach schon ein erster Bericht über Sie. Die Grundlage für diesen Bericht kann der Eindruck sein, den der Berater oder sein Researcher nach dem Telefonat mit Ihnen festgehalten hat. Es können aber auch Stimmen von anderen Menschen aus der Branche sein, mit denen der Headhunter zuvor schon über Sie gesprochen hat. Streng vertraulich, versteht sich.

In diesem Fall könnte beispielsweise zu lesen sein, ob Sie sich in einer ungekündigten Stellung befinden, Sie aber Druck haben, bald eine neue Stelle zu suchen, weil in Ihrem Unternehmen eine Umstrukturierung ansteht oder es verkauft werden soll. Auch könnte vermerkt sein, wie gut Sie sich nach Einschätzung von Kollegen in Ihrer Branche auskennen, in welchen Tätigkeitsfeldern Sie Erfahrung haben und in welchen nicht, wie sich Umsatz und Gewinn unter Ihrer Abteilungsleitung entwickelt haben, ob das von Ihnen eingeführte Produkt ein Erfolg oder ein Flop war – solche und ähnliche Informationen.

Wenn Sie vor dem Gespräch aufgefordert wurden, einen Test zu absolvieren, ein sogenanntes E-Assessment, sind auch dessen Ergebnisse in der Mappe enthalten. Welche Eigenschaften zu Ihren Stärken zählen, welche zu Ihren Schwächen. Ob Sie gut analysieren können oder nicht, ob Sie gerne Verantwortung übernehmen oder nicht. Was Sie motiviert – eine spannende Aufgabe oder ein hohes Gehalt? Mit all diesen Informationen ist der Personalberater in vielen Fällen gerüstet, wenn er in das Gespräch mit Ihnen geht. Vergessen Sie das nicht – auch wenn seine Fragen mitunter harmlos und unwissend klingen.

Was Sie im Hinterkopf behalten sollten: Zwar steuert der Personalberater das Gespräch, er ist in der Rolle des Fragenden, Sie sind in der Rolle des Antwortenden. Aber es ist nicht so, dass es keine Ausnahmen von dieser Rollenverteilung gibt – ganz im Gegenteil. Personalberater legen großen Wert darauf, dass es sich bei dem Gespräch um einen Dialog auf

Augenhöhe handeln sollte. Wozu auch gehört – und ausdrücklich erwünscht ist –, dass die Kandidaten von sich aus das Wort ergreifen und Fragen zu der zu besetzenden Position und dem Unternehmen stellen. Personalberatungen empfehlen ihren Mitarbeitern, dass der Kandidat rund 60 bis 70 Prozent der Zeit zu Wort kommen und der Berater 30 bis 40 Prozent der Zeit sprechen sollte.

Schildern Sie doch bitte mal in zehn Minuten Ihren Lebenslauf!

Nach dem Smalltalk haben Sie meist ein ganz gutes Gefühl dafür, mit wem Sie es in diesem Gespräch zu tun haben. Ob Sie den Personalberater mögen oder nicht – lassen Sie sich davon nicht beeinflussen und lassen Sie es sich nicht anmerken. Auch wenn Sie ihn sympathisch finden, ist das kein Anlass, ihm nun in freundschaftlichem Ton alles zu erzählen, was Ihnen gerade so durch den Kopf schießt. Umgekehrt gilt: Auch wenn Ihnen der Personalberater unsympathisch ist, Sie ihn für einen arroganten Schnösel halten, geben Sie keine schnippischen Antworten. Sehen Sie dieses Gespräch als einen geschäftlichen Kontakt wie andere auch, den Sie professionell über die Bühne bringen.

Am Anfang des eigentlichen Interviews sollte der Personalberater noch einmal die schon im Telefonat erwähnten und womöglich per E-Mail vertieften Eckdaten der Stelle beschreiben – um was für ein Unternehmen und was für eine Position es sich handelt. Dann folgt die erste Hürde des Gesprächs, die unter Personalberatern so beliebte Eröffnungsfrage beziehungsweise Aufforderung, der Kandidat möge noch einmal kurz seinen Lebenslauf zusammenfassen.

? **„Beschreiben Sie bitte in zehn Minuten Ihren Karriereweg.“**

Die Bitte klingt zunächst einmal freundlich, ohne einen erkennbaren Haken – und so ist sie auch durchaus zu verstehen. Ebenso wie der allgemeine Smalltalk zu Beginn des Treffens ist sie als Eisbrecher gedacht. Eigentlich bräuchte der Personalberater Ihnen diese Frage nicht zu stellen, er kennt Ihren Lebenslauf längst, aus Ihren Bewerbungsunterlagen und aus dem Telefonat mit Ihnen. Doch er will Ihnen die Möglichkeit geben, sich langsam an die Gesprächssituation zu gewöhnen. Sie sollen Sicherheit gewinnen, indem Sie ein wenig aus Ihrem Leben erzählen, ein Terrain, auf dem sich jeder Kandidat gut auskennen sollte.

Doch ganz ungefährlich ist die Situation nicht. Denn es handelt sich um eine offene Frage, auf die Kandidaten alles Mögliche erzählen können.

Personalberater lieben offene Fragen, auf die man keine Ja- oder Nein-Antworten geben kann.

Offene Fragen geben dem Berater die Möglichkeit, sich zurückzulehnen und in aller Ruhe das Verhalten des Kandidaten zu analysieren, während dieser erzählt und erzählt und erzählt und sich möglicherweise um Kopf und Kragen redet.

Auf die Bitte, Ihren Lebenslauf zu beschreiben, könnten Sie vermutlich problemlos zu einem einstündigen Vortrag ansetzen. Wo Sie geboren wurden, wo Sie zur Schule gingen, welche Leistungskurse Sie in der Oberstufe hatten und warum, wie das Austauschjahr in Amerika war, wie Sie dann einen Studienplatz in Ihrer Wunschstadt ergatterten oder auch nicht, wie sich das Uni-Leben zwischen Bibliothek, Klausuren und Partys anfühlte, wie Sie die Frau auf dem Prüfungsamt mit einem Blumenstrauß überredeten, Ihre Diplomarbeit doch noch anzunehmen, obwohl die Frist schon am Vortag abgelaufen war. Wie Sie sich für den Workshop einer Unternehmensberatung bewarben, weil Sie schon immer mal auf dem Mittelmeer segeln wollten. Wie Sie sogar ein Einstellungsangebot bekamen, das aber ablehnten. Und so weiter.

Doch genau solch eine Aneinanderreihung von Anekdoten, so sehr sie Ihr Leben rückblickend auch geprägt haben mögen, ist im Gespräch mit dem Personalberater nicht gefragt. Sie können die eine oder andere Ausnahmesituation später bei Gelegenheit einmal erwähnen, etwa, wenn es darum geht, worauf Sie in Ihrem Leben besonders stolz sind. Auf diese Frage hin können Sie, wenn Sie noch nicht allzu lange im Berufsleben stehen, durchaus erzählen, wie Sie es geschafft haben, trotz widriger Umstände, kaum vorhandener Literatur und aussageloser statistischer Analysen noch eine passable Diplomarbeit abzugeben. Oder wie es Ihnen gelungen ist, für Ihren Arbeitgeber trotz Dauerregen, Stromausfall und kurzfristiger Absage des Hauptredners eine Veranstaltung zu organisieren, die alle Gäste rundum gelungen fanden. Aber in diesem frühen Stadium des Gesprächs sind derlei Schilderungen nicht gefragt. In der Aufforderung des Personalberaters sind vor allem zwei Wörter von Bedeutung: „Karriereweg" und „kurz".

Verstehen Sie seine Aufforderung also nicht zum Draufloserzählen. Sie tun sich keinen Gefallen damit, wenn Sie nun eine halbe Stunde des Gesprächs mit einem Monolog füllen wollen, damit nicht mehr so viel Zeit für unangenehme Fragen bleibt. Der Headhunter will Sie mit seiner Bitte nicht nur langsam in die Situation finden lassen. Sie ist auch ein Test, ob Sie in der Lage sind, eine vorgegebene Aufgabe in einer vorgegebenen Zeit – Schilderung des Lebenslaufs innerhalb von zehn Minuten – zu erfüllen. Und sie ist ein Test, ob Sie in der Lage sind, dabei Wichtiges von Unwichtigem zu trennen, die richtigen Schwerpunkte in Ihrem Vortrag zu setzen. Welche das sein sollten, davon hat der Headhunter nach der Lektüre Ihres Lebenslaufes schon eine ziemlich genaue Vorstellung.

Die Aufforderung „kurz" oder „in zehn Minuten" ist also nicht als grober Zeitrahmen zu verstehen, der nach Belieben verlängert werden kann. Sondern als ein Zeitfenster, an das Sie sich – natürlich nicht auf die Sekunde genau, aber doch ungefähr – halten sollten. Kein Headhunter wird etwas dagegen haben, wenn ein Kandidat schon nach sieben Minuten am Ende angelangt ist oder wenn ein anderer eine Viertelstunde für seinen Karriereweg benötigt. Kein Zweifel: Je nach der zurückgelegten Wegstrecke im Leben gibt es mal weniger, mal mehr zu erzählen. Aber länger als eine Viertelstunde sollten Sie nicht für diese Aufgabe benötigen, wenn Sie keine zunehmend genervten Blicke des Personalberaters auf die Uhr und negative Anmerkungen auf seinem Notizzettel riskieren wollen.

So einfach es klingt, binnen zehn Minuten den eigenen Lebenslauf nachzuerzählen, so schwer gestaltet sich diese Aufgabe mitunter in der Praxis. Personalberater beklagen immer wieder, dass trotz ihrer Bitte um eine kurze Schilderung manche Kandidaten eine halbe Stunde brauchen würden, um allein bis zum Examen zu kommen – sofern der Personalberater die epischen Erzählungen nicht vorher abkürzen würde. Welche Rückschlüsse die professionellen Personalsucher daraus ziehen, liegt auf der Hand: Wer nicht präzise erzählen kann, ist unstrukturiert, verheddert sich auch im Arbeitsleben mit unbedeutenden Kleinigkeiten und langweilt die Kollegen in Besprechungen mit selbstverliebten Monologen.

Wenn Headhunter gefragt werden, was sie an Kandidaten am meisten stört, kommt immer wieder die Antwort: Sie reden zu viel.

Üben Sie die Antwort auf die Frage im Vorfeld, bis Sie in rund zehn Minuten alle Ihnen relevant erscheinenden Stationen Ihres Lebenslaufs unterbringen, ohne dass Sie sich am Anfang in unwichtigen Details verstricken und vielleicht gegen Ende andere, wichtige Details aus Zeitgründen auslassen. Machen Sie sich gegebenenfalls Notizen, welche Stationen und Begebenheiten Sie auf jeden Fall erwähnen wollen. Diesen Zettel können Sie auch zu dem Treffen mitnehmen und notfalls im Wartebereich der Personalberatung noch einen schnellen Blick darauf werfen, falls Sie sich unsicher fühlen. Im Gespräch selbst hat dieser Zettel dann aber nichts verloren, weder auf dem Besprechungstisch noch als Spickzettel unter dem Ärmel.

Auch Auswendiglernen empfiehlt sich nicht. Personalberater spüren sofort, wenn ein Kandidat Sätze herunterrattert, die er sich vorher zurechtgelegt hat. Und sie mögen es nicht. Vergessen Sie nicht: Sie sind kein Schauspieler, der gekommen ist, um eine bestimmte Rolle zu spielen und Sätze aus einem vorgeschriebenen Drehbuch aufzusagen. Der Personalberater möchte Sie als Mensch kennenlernen, und dazu gehört auch, wie Sie sich geben, wie Sie vortragen. Das Üben vor dem heimischen Spiegel oder auch während der Autofahrt zum Gespräch dient lediglich dazu, dass Sie sich bewusst machen, was Sie innerhalb eines kurzen Zeitfensters sagen wollen, dass Sie Relevantes von Unrelevantem trennen, und nicht, wie Sie es sagen.

Ihre Kindheit sollte hier nur eine untergeordnete Rolle spielen. Was Sie persönlich geprägt hat, zu dem Menschen zu werden, der Sie heute sind, wird der Personalberater später noch ergründen. Wenn es in dieser Hinsicht in Ihrer Kindheit prägende Erlebnisse gab, heben Sie sich diese dafür auf. Am Anfang des Gesprächs genügen ein oder zwei Sätze dazu, wo Sie geboren und wo Sie aufgewachsen sind. Was Ihre Eltern beruflich gemacht haben, ob Sie Geschwister haben, wann Sie wo in welche Schule gegangen sind, wollen Personalberater nicht hören.

Richtig interessant wird es für sie erst nach dem Schulabschluss: für welches Studium oder welche berufliche Ausbildung Sie sich entschieden haben. An dieser Stelle dürfen Sie durchaus begründen, was Sie zu diesem ersten Meilenstein in Ihrem Lebenslauf veranlasst hat – vorausgesetzt, es gab triftige Gründe für Ihre Wahl. Lag es zum Beispiel an dem engagierten Lehrer im Mathe-Leistungskurs, der Sie dazu gebracht hat, dass ein Mathe-Studium genau das Richtige für Sie sein könnte? Oder hat Ihre Begeisterung für die Informatik-Arbeitsgruppe Ihnen schon frühzeitig signalisiert, dass dies auch ein gutes Berufsfeld für Sie sein könnte? Wenn Sie deutlich machen können, dass Sie sich Ihre Berufswahl schon als Jugendlicher gut überlegt haben, sammeln Sie in jedem Fall Pluspunkte.

Wer dagegen mehr oder weniger zufällig in sein Studienfach gerutscht ist, wer keine Entscheidung aus Leidenschaft getroffen hat, sondern der Beweggrund eher war: „Mit Jura kann man nichts falsch machen", der sollte seine Wahl möglichst nüchtern schildern – nur die Tatsache, keine Erklärungen.

❓ „Warum ausgerechnet BWL?"

Für den Fall, dass der Personalberater nachhakt, warum Sie sich ausgerechnet für dieses Studium entschieden haben, sollten Sie sich vorsorglich eine kurze Begründung zurechtgelegt haben. Wer aus Verlegenheit ein Massenfach wie Betriebswirtschaft oder Jura gewählt hat, kann durchaus argumentieren, dass er eine möglichst breite Basis für sein Berufsleben legen wollte. Nicht wenige Personalberater sind auch auf diesem Weg und eher zufällig zu Ihrem heutigen Beruf gekommen. Ausschlaggebend für den Ausgang des Gesprächs werden die Gründe für Ihre Studienwahl nicht sein.

Die Schwerpunkte Ihres Studienfachs können Sie ohne Bedenken nennen, wenn sie für Ihre aktuelle berufliche Tätigkeit eine Rolle spielen. Details zu Wahlpflicht- und Prüfungsfächern, Themen von Diplomarbeiten und Ähnliches sollten sie dagegen nur in absoluten Ausnahmefällen erwähnen. Wesentlich interessanter ist für einen Personalberater, wenn Sie während der Ausbildung längere Zeit im Ausland waren, womöglich sogar einen Doppelabschluss gemacht haben. Noten müssen Sie im persönlichen Gespräch nicht erwähnen, der Personalberater kennt sie aus den Bewerbungsunterlagen.

Je nach dem, wie viele berufliche Stationen Ihr Lebenslauf schon aufweist, sollte die Schilderung Ihrer Studienzeit zwischen zwei und fünf Minuten umfassen. Legen Sie das Schwergewicht Ihrer Erzählungen darauf, was nach dem Studienabschluss folgte, denn das ist der Grund, warum der Personalberater Sie zum Gespräch eingeladen hat: Ihre berufliche Tätigkeit.

Was die einzelnen Stationen angeht, sollten Sie sich an dieser Stelle auf die Fakten beschränken: Wo haben Sie nach dem Ende Ihrer Ausbildung angefangen? Was war Ihre Aufgabe? Wie lange haben Sie das gemacht? Was folgte danach?

Verzichten Sie darauf, die mitunter hochtrabenden Titel auf Ihren Visitenkarten wiederzugeben!

Auch wenn Sie sich offiziell „Consumer Insight Manager" nennen durften, wird der Personalberater dankbar sein, wenn Sie stattdessen sagen, was Sie genau gemacht haben – in diesem Fall: Marktforschung. Wenn Sie für einen weithin unbekannten Mittelständler gearbeitet haben, erklären Sie kurz, welche Stellung das Unternehmen in der Branche hat („ist Marktführer im Bereich ..., beliefert Konzerne wie ..."). Personalberater kennen zwar viele Unternehmen, aber eben auch nicht alle.

Sie sollten noch keine ausschweifenden Begründungen liefern, warum Sie sich zu einem bestimmten Zeitpunkt für eine bestimmte Stelle entschieden haben. Denn fangen Sie schon zu diesem frühen Zeitpunkt des Gesprächs an, Ihre jeweiligen Beweggründe zu erklären, sprengen Sie den Zeitrahmen. Und es klingt, als hätten Sie das Gefühl, sich für etwas rechtfertigen zu müssen. Der Personalberater wird später noch ausgiebig – ausgiebiger, als Ihnen lieb sein wird – nachfragen, was Sie zu einem bestimmten Schritt bewogen hat, warum Sie Ihre Arbeitgeber so schnell wieder verlassen haben oder auch, warum Sie noch nie gewechselt sind. Nachvollziehbare Begründungen sollten Sie sich auf jeden Fall vor dem Gespräch überlegt haben – aber preisgeben sollten Sie diese erst auf Nachfrage.

Wenn Sie einmal eine Zeit lang arbeitslos waren, sollten Sie darüber in Ihrer Schilderung nicht schweigend hinweg gehen, sondern sachlich davon berichten. Lag die Entlassung nicht an Ihrem persönlichen Verhalten, sondern handelte es sich um eine betriebsbedingte Kündigung? Dann erklären Sie kurz die Hintergründe. Erzählen Sie beispielsweise, dass Ihr Arbeitgeber im Zuge der Finanzkrise Stellen abbauen musste und Sie zum Kreis der jungen, ledigen und kinderlosen Mitarbeiter gehörten, die als erste betriebsbedingt entlassen wurden. Sie werden damit keine entsetzten Blicke auslösen. Aus Ihrem Lebenslauf weiß der Personalberater (hoffentlich!) ohnehin schon, dass Sie einmal arbeitslos waren – und er hat Sie trotzdem eingeladen.

Reden Sie offen über diese Zeit. Dadurch beweisen Sie, dass Sie auch unangenehme Dinge von sich aus ansprechen können. Generell gilt: Je konservativer die Branche, etwa Banken und Versicherungen, desto eher gelten Zeiten der Arbeitslosigkeit noch als Makel, desto eher wird der Personalberater auf Lücken in Ihrem Lebenslauf achten und die Gründe hinterfragen, weil seine Auftraggeber in dieser Hinsicht empfindlich sind. Geht es dagegen darum, eine Stelle in der Werbeagentur zu besetzen, wird er das Thema nicht lange vertiefen.

Wenn Ihr Werdegang eine Lücke von ein bis zwei Monaten aufweist, müssen Sie das nicht erwähnen.

Das gilt als übliche Übergangszeit, um eine neue Stelle zu finden. Abschließen sollten Sie Ihre Ausführungen damit, was Sie aktuell beruflich machen. Hier können Sie ruhig auch ein wenig mehr ins Detail gehen und in einigen Sätzen schildern, wie Ihr aktueller Arbeitsalltag aussieht, ob Sie Führungsverantwortung haben, wie viele Mitarbeiter in Ihrem Team sind.

Wie ausschweifend Sie dabei sind, hängt auch davon ab, wie gut oder schlecht Sie im Zeitlimit liegen. Behalten Sie während des Gesprächs immer unauffällig die Uhr im Blick – entweder Ihre eigene oder die des Personalberaters, je nachdem, welche Sie besser sehen können.

Generell gilt: Vermeiden Sie während des gesamten Lebenslauf-Erzählens exzessives „Name Dropping". Auch wenn Sie einmal an einer amerikanischen Eliteuniversität einen Sprachkurs oder eine Sommerakademie besucht haben, sollte das kein Grund sein, dies gesondert zu erwähnen oder, noch schlimmer, zu behaupten, Sie hätten „eine Weile" in Harvard oder am MIT „studiert". Wenn Sie derart großen Wert auf

Namen legen, kommt schnell der Verdacht auf, dass Sie sich vor allem an Äußerlichkeiten orientieren.

Bemühen Sie sich, in klaren und deutlichen Sätzen zu sprechen. Subjekt, Prädikat, Objekt. Keine endlosen Verschachtelungen, die im Nichts enden oder zumindest nicht dort, wo sie einmal angefangen haben. Und bemühen Sie sich um einen ruhigen, gleichmäßigen Redefluss. Neigen Sie dazu, schnell zu sprechen, wenn Sie aufgeregt sind, dann zwingen Sie sich zu Langsamkeit. Hetzen Sie nicht durch die einzelnen Stationen Ihres Lebenslaufs, als würden Sie am liebsten alles überspringen und hätten etwas zu verbergen. Auch wenn der Personalberater Ihren Lebenslauf kennt, ist das kein Freifahrtschein für ein eiliges Herunterrattern der wichtigsten Stationen.

Wenn Sie dagegen eher der ruhige Typ sind, der zwischen zwei Nebensätzen gerne mal tief Luft holt und über den nächsten Satz nachdenkt: Versuchen Sie, sich zu etwas mehr Schnelligkeit anzutreiben, nicht allzu behäbig zu wirken. Viele „Ähms" und lange Denkpausen werden Ihre Zuhörer kaum fesseln. Nuscheln Sie nicht, aber sprechen Sie auch nicht so laut, als ob Sie eine Wahlkampfveranstaltung bestreiten sollen. Denn genau dazu neigen viele Menschen, wenn sie aufgeregt sind.

Wenn ich da mal kurz einhaken darf …

Nachdem der Personalberater Sie eine Weile über Ihren Werdegang hat erzählen lassen, kommt früher oder später die Stelle, an der es unangenehm wird, an der das Nachfragen beginnt, das Stochern in den wunden Punkten Ihres Lebenslaufs. Der Personalberater wird dies ausgesprochen höflich tun, mit einem freundlichen Lächeln auf den Lippen und mit wohlformulierten Worten. So, wie es schon der Auftakt anklingen lässt: *Wenn ich da mal kurz einhaken darf …"* Doch lassen Sie sich von der Freundlichkeit nicht täuschen: Nun wird es brisant.

Die Aufwärmphase ist endgültig vorbei – jetzt beginnt das eigentliche Interview. Der Personalberater will mehr über Sie als Person erfahren, darüber, wie Sie Entscheidungen treffen, wie Sie arbeiten, wie Sie mit anderen Menschen umgehen, kurzum: ob er Sie guten Gewissens dem suchenden Unternehmen empfehlen kann. Auch wenn die Nachfragen mitunter unangenehm sind: Trösten Sie sich damit, dass es allen Kandidaten so ergeht wie Ihnen.

> **Niemand schildert seinen Werdegang so überzeugend, dass dem Personalberater keine Warum-Fragen auf der Zunge liegen.**

Es geht nicht darum, dass Sie sich für Ihren Lebenslauf rechtfertigen sollen – Sie sollen lediglich begründen, warum Sie diese und jene Entscheidung getroffen haben. Der Personalberater will so auch erfahren, wie Sie reagieren, wenn jemand Ihre Vorgehensweise in Frage stellt, Kritik an Ihren Entscheidungen übt.

Personalberater nutzen dafür eine spezielle Fragetechnik: Sie gehen in den meisten Fällen deduktiv vor, das heißt: Sie kommen vom Allgemeinen und gehen immer mehr ins Spezielle. Der Personalberater beginnt also mit einer allgemein gehaltenen Nachfrage zu einer bestimmten Station in Ihrem Lebenslauf und vertieft Ihre Antworten dann mit immer weiteren Detailfragen. Sein Ziel: Indem er immer genauere Fragen stellt, will er Sie zu möglichst konkreten Antworten bringen, um möglichst viel über Sie zu erfahren.

Ein Beispiel für diese Fragetechnik:

„Hatten Sie neben der Vertriebssteuerung noch weitere Aufgaben?"

„Ja, ich habe gelegentlich noch Sonderaufgaben für die Geschäftsführung übernommen."

„Was heißt das?"

„Veranstaltungen zum Beispiel."

„Was waren das für Veranstaltungen?"

„Das Unternehmen hat vier Mal im Jahr Vertriebspartner aus ganz Deutschland in die Firma eingeladen, um ihnen die Produktion zu zeigen und neue Produkte vorzustellen. Diese Veranstaltungen habe ich organisiert."

„Was haben Sie genau gemacht?"

„Ich habe mich zum Beispiel um die Vorträge gekümmert."

„Sie haben die Vorträge geschrieben?"

„Ja, genau."

„Haben Sie die Vorträge auch selbst gehalten?"

„Nein, das hat unser Geschäftsführer gemacht. Ich habe sie nur vorbereitet."

Auf diese Weise erfährt der Personalberater mehr darüber, was sich hinter den Titeln im Lebenslauf und auf der Visitenkarte verbirgt. Auch wenn Sie bestimmte Situationen nur ungern vertiefen wollen: Versuchen Sie, Ein-Satz-Antworten wie in dem oben beschriebenen Beispiel zu vermeiden. Je weniger Sie von sich aus preisgeben, desto mehr wird der Personalberater nachhaken – und irgendwann wird es ihn nerven, dass er jede Information einzeln aus Ihnen herauskitzeln muss. Und versuchen Sie, konkret auf die Frage zu antworten. Ausweichende Antworten fallen ebenfalls negativ auf. Der Personalberater wird seine Frage in abgeänderter Form so lange wiederholen, bis er die gewünschten Informationen hat.

 „Warum haben Sie damals eigentlich die Stelle gewechselt?"

Ein Aspekt, der in nahezu jedem Personalberatergespräch eine Rolle spielt: Was hat Sie zu einem bestimmten Zeitpunkt zu einem Jobwechsel veranlasst? Bei dieser Frage ist es erlaubt, ein wenig zu flunkern. Wenn der wahre Grund war, dass Sie einen cholerischen Chef oder mobbende Kollegen hatten: Behalten Sie es für sich.

Loyalität gegenüber früheren Arbeitgebern ist das A und O im Gespräch mit einem Headhunter.

Es macht keinen guten Eindruck, einstige Weggefährten als menschlich schwierig oder fachlich inkompetent darzustellen, selbst wenn das Ihrer Meinung nach noch so sehr der Wahrheit entspricht.

Argumentieren Sie lieber sachlich. Ihr Chef war ein Egozentriker, der keinen Auftrag aus der Hand geben wollte? Sagen Sie, dass Sie sich unterfordert gefühlt haben und trotz mehrmaliger Bitte keine anspruchsvolleren Projekte übertragen bekamen. Ihr Chef hat Ihnen ständig inhaltlich in die Arbeit geredet, Sie mussten vor den Kunden Präsentationen halten, hinter denen Sie nicht standen? Sagen Sie, dass Sie das Gefühl hatten, Ihre Stärken nicht genügend einbringen zu können. Machen Sie dabei deutlich, dass Sie zunächst mehrfach aktiv versucht haben, etwas an Ihrer Situation zu ändern, und sich erst dann, als dies keinen Erfolg brachte, nach einem anderen Arbeitgeber umgeschaut haben.

? **„Sie waren nicht lange bei Unternehmen xy. Hat das einen Grund?"**

Arbeitsverhältnisse, die nur wenige Monate gedauert haben, sind immer wieder ein Anlass für Nachfragen. Grundsätzlich gilt: Es ist nicht verwerflich, wenn Sie eine Stelle innerhalb der Probezeit gekündigt haben, weil Sie das Gefühl hatten, dass es zwischen Ihnen und dem neuen Arbeitgeber überhaupt nicht passt. Die Probezeit ist schließlich dazu da, sich gegenseitig kennenzulernen und auf die Probe zu stellen. Irren ist menschlich. Falls Sie also einmal zu dem Schluss gelangt sind, dass eine Stelle Sie auf Dauer nicht ausfüllen wird, können Sie das dem Headhunter auch so sagen.

Vermeiden Sie den Eindruck, Hals über Kopf von einem Arbeitgeber geflüchtet zu sein!

Wie bei jedem Jobwechsel gilt auch in diesem Fall: Es sollte deutlich werden, dass Ihre Kündigung keine Panikattacke war, sondern dass Sie zuerst versucht haben, beispielsweise in eine interessantere Abteilung zu wechseln. Und argumentieren Sie nicht mit Dingen, die Sie vor dem Wechsel schon hätten absehen können: dass die Arbeit bei einem Mittelständler zum Beispiel stark von den Wünschen des Firmeninhabers geprägt ist. Oder dass die Arbeit in einem Konzern mitunter lange Entscheidungswege mit sich bringt. Stattdessen sollten Sie Gründe anführen, die erst bei Antritt der neuen Stelle offensichtlich wurden. Zum Beispiel, dass kurze Zeit nach Ihrem Einstieg der Vorgesetzte, der Sie eingestellt hat, das Unternehmen verlassen und sein Nachfolger inhaltlich andere Prioritäten gesetzt hat.

Wenn nicht Sie innerhalb der Probezeit gekündigt haben, sondern Ihr Arbeitgeber, sollten Sie das offen erwähnen und nicht so tun, als sei dies Ihre eigene Entscheidung gewesen. Auch wenn es selten vorkommt: Theoretisch könnte der Personalberater dies mit einem Anruf überprüfen. Bleiben Sie lieber von vornherein bei der Wahrheit. Und machen Sie sich deswegen keine Sorgen: Dass etwas schiefgelaufen sein muss, wenn Sie ein Unternehmen schon nach wenigen Monaten wieder verlassen haben, hat der Personalberater schon nach der Lektüre Ihres Lebenslaufes geahnt – und Sie trotzdem eingeladen. Jetzt will er wissen, wie Sie damit umgehen. Wer ehrlich und authentisch antwortet, sammelt dabei Pluspunkte.

 „Sie haben einen bewegten Lebenslauf. Sind Sie ein sprunghafter Mensch?"

Personalberater vertreten gemeinhin die Ansicht, dass eine berufliche Station im Idealfall drei bis fünf Jahre dauern sollte. So lange braucht es ihrer Ansicht nach, bis sich ein Mitarbeiter in ein neues Themengebiet eingearbeitet hat, eigene Akzente setzen kann und die Erfolge seiner Arbeit erkennbar sind. Personalberater wollen sehen, dass sich Kandidaten durchbeißen können. Wenn Sie in kürzeren Abständen gewechselt sind, wird dies unweigerlich zu Nachfragen führen.

Begründen Sie, woran es im Einzelfall lag. Stand Ihr Geschäftsbereich auf der Kippe? Oder hatten Sie schlicht ein Angebot, das extrem verlockend klang? Sie sollten deutlich machen, dass es zu Ihren Stärken zählt, sich schnell und gut in ein neues Unternehmen und eine neue Aufgabe einzuarbeiten. Der Personalberater sollte aber auch den Eindruck gewinnen, dass Sie gewillt sind, länger bei einem Arbeitgeber zu bleiben, wenn die Rahmenbedingungen stimmen. Ansonsten wird er Sie seinem Auftraggeber nicht empfehlen.

 „Wie sind Sie denn damals an den neuen Job gekommen?"

Eine weitere beliebte Nachfrage. Hier gilt die Devise: Erzählen Sie auf keinen Fall, dass sich das zufällig so ergeben hat, auch wenn Sie sich tatsächlich nicht aktiv beworben haben, sondern die Stelle über Beziehungen angeboten bekamen. Das mag zwar stimmen, aber wirkt so, als ob Sie träge sind, Ihre Karriere passiv auf sich zukommen lassen. Überlegen Sie, was Sie selbst dazu beigetragen haben, um an eine bestimmte Stelle zu kommen. Ganz so passiv, wie Ihre Rolle Ihnen vielleicht erscheinen mag, waren Sie bestimmt nicht.

Haben Sie extra eine branchenspezifische Messe besucht, um den Personalverantwortlichen Ihres späteren Arbeitgebers anzusprechen, der sich viele Monate später an diese Begegnung erinnert und Sie angerufen hat? Oder haben Sie auf einer Fachtagung einen Vortrag gehalten, woraufhin später ein Zuhörer Ihren Namen bei seinem Arbeitgeber ins Spiel gebracht hat? Oder hat ein Kunde Ihren Einsatz so geschätzt, dass er Sie für das eigene Unternehmen abgeworben hat? Je mehr Sie darüber nachdenken, desto mehr wird Ihnen wahrscheinlich bewusst, dass Sie zu einem beruflichen Wechsel selbst aktiv etwas beigesteuert haben, auch wenn er auf den ersten Blick eher wie eine Aneinanderreihung von Zufällen wirkt.

Personalberater hören gerne, wenn Sie eine Stelle auf Empfehlung einer anderen Person bekommen haben.

Referenzen sind beliebt, weil sie glaubwürdiger sind als Lobeshymnen in Arbeitszeugnissen.

Wenn Sie auf Empfehlung zu Ihrem heutigen Arbeitgeber kamen, erwähnen Sie dies also ruhig – vorausgesetzt, es handelt sich nicht um die Empfehlung eines Familienmitglieds oder eines Freundes, der Ihnen noch einen Gefallen schuldig war. Wenn Sie Empfehlungen ansprechen, dann immer nur solche, die von einem Weggefährten auf Ihrem Karriereweg stammen. War es der Uni-Professor, der über gute Kontakte in die Wirtschaft verfügt? Oder ein früherer Vorgesetzter, der Sie immer noch schätzt, auch wenn Sie längst für ein anderes Unternehmen arbeiten?

„Können Sie sich überhaupt noch in ein neues Unternehmen integrieren?"

Auch das andere Extrem, die langjährige Treue zu einem Unternehmen, bietet Anlass für Rückfragen. Denn das könnte ein Zeichen dafür sein, dass Sie bequem sind, ungern die Initiative ergreifen. Wenn also nur ein oder zwei Unternehmen in Ihrem Lebenslauf stehen oder Sie seit zehn Jahren bei Ihrem heutigen Arbeitgeber sind, wird der Personalberater Sie höchstwahrscheinlich danach fragen, wie Sie sich überhaupt noch in eine andere Firmenkultur einfinden wollen, wo Sie doch so sehr von Ihrem Unternehmen geprägt sind. Argumentieren Sie, dass Sie offen für Neues sind und auch flexibel genug, um sich in eine neue Organisation hineinzudenken. Machen Sie klar, was Sie an Ihrem aktuellen Arbeitgeber schätzen und was Sie dort so lange gehalten hat. Unterstreichen Sie, dass Sie nach Abschluss einer Karrierestufe immer wieder gute Entwicklungschancen geboten bekamen, aber dass Sie nun gerne auch noch einmal ein anderes Unternehmen kennenlernen wollen.

 „Was würden Sie als Ihren größten Erfolg bislang bezeichnen?"

Einer der Klassiker aus dem Fragenschatz der Personalberater. Kandidaten tun gut daran, sich auf diese Frage schon vor dem Gespräch eine Antwort zu überlegen. So entgehen Sie der Peinlichkeit, sekundenlang zu verstummen und fieberhaft im Gedächtnis nach einem Projekt zu suchen, das außergewöhnlich gut gelaufen ist und warum. Sicher, auch im Gespräch wird Ihnen früher oder später ein solches Beispiel einfallen. Aber vielleicht ärgern Sie sich hinterher, weil Ihnen Stunden später einfällt, welches Beispiel viel besser gepasst hätte.

Die Begebenheit, die Sie erzählen, sollte mit Bedacht gewählt sein. Auch wenn Sie eigentlich besonders stolz darauf sind, dass Sie nach jahrelanger Eigenarbeit und Streitigkeiten mit Baufirmen kürzlich endlich ins eigene Haus gezogen sind – behalten Sie es für sich und suchen Sie sich ein Beispiel aus dem Berufsleben. Das Erfolgserlebnis, das Sie nennen, muss nicht unbedingt von Ihrem aktuellen Arbeitgeber stammen. Aber es ist von Vorteil, wenn es einigermaßen aktuell ist. Andernfalls kann der Eindruck entstehen, Sie hätten schon seit mehreren Jahren keine echten Erfolge mehr zu verbuchen. Und wählen Sie eine Begebenheit aus, die zu Ihrem klassischen Aufgabengebiet gehört, sonst entsteht schnell der Eindruck, Sie würden sich nur für Ihre persönlichen Lieblingsprojekte überdurchschnittlich engagieren, Ihre eigentlichen Aufgaben aber eher lieblos verrichten.

Schildern Sie kurz, was Ihre Aufgabe war, wie Sie dabei vorgegangen sind und welchen Erfolg Sie hatten. Der Erfolg sollte messbar und klar auf Ihre Arbeit zurückzuführen sein. Haben Sie bei einem Fernsehsender die Einführung einer neuen Serie begleitet, womöglich gegen interne Widerstände verteidigt, und eine gute Zuschauerquote hat Ihre Arbeit belohnt? Wunderbar. Haben Sie bei einem Reinigungshersteller ein neues Produkt auf den Markt gebracht und die Absatzzahlen sind seitdem Monat für Monat gestiegen? Prima. In die Nesseln setzen Sie sich dagegen, wenn sich später herausstellt, dass Sie lediglich von einem guten Marktumfeld profitiert haben. Auf diese Weise hat sich schon so mancher Fondsmanager unbeliebt gemacht, weil er eine gute Renditeentwicklung als Beleg für den Erfolg seiner Arbeit anführte, aber leicht herauszufinden war, dass die Kurse in der betreffenden Zeit auf breiter Front gestiegen waren und andere Fondsmanager für ihre Kunden deutlich mehr herausholen konnten.

Ihr Vorzeigeprojekt war vermutlich mit viel Arbeit verbunden. Verzichten Sie dennoch darauf, sich als Überstundenheld darzustellen, der klaglos eine Nachtschicht an die nächste reiht.

Personalberater werten Dauer-Überstunden als Zeichen dafür, dass Sie ein schlechtes Zeitmanagement haben.

Natürlich erwartet man von Ihnen als Fach- oder Führungskraft, dass Sie sich über das normale Maß hinaus engagieren und nicht Punkt 17 Uhr den Rechner herunterfahren, sondern eher zwei oder drei Stunden später. Und dass Sie in besonders hektischen Zeiten auch mal eine Nacht- oder Wochenendschicht einlegen. Aber Personalberatern ist auch bewusst, dass ein Mindestmaß an Privatleben wichtig ist, damit Sie ausgeglichen und leistungsfähig sind. Kein Unternehmen wünscht sich einen Mitarbeiter, der nur seine Arbeit im Kopf hat. Die Gefahr ist groß, dass so jemand nach Antritt einer neuen Position noch mehr arbeitet und nach wenigen Monaten körperlich und seelisch am Ende ist. Achten Sie in Ihren Erzählungen also darauf, die Ausnahmesituation klar zu machen. („Es waren sehr hektische Wochen mit wenig Schlaf, aber die Arbeit hat sich gelohnt. Und zum Glück ist das ja kein Dauerzustand.")

 „Wer hat noch an dem Projekt mitgearbeitet?"

Vielfach wollen Personalberater nicht nur wissen, was Ihre größten Erfolge im Berufsleben waren, sondern auch, mit wem Sie diese erreicht haben. Selten ist ein Erfolg alleine auf Ihre Arbeit zurückzuführen, Kollegen und Vorgesetzte hatten daran vermutlich ebenfalls ihren Anteil. Es gibt Personalberater, die an dieser Stelle konkrete Namen und Begründungen hören wollen. Zum einen, um sicherzugehen, dass ihnen der Kandidat keine Märchen erzählt, zum anderen, um ihr Netzwerk um einige Namen zu erweitern. Sie machen nichts verkehrt, wenn Sie ein oder zwei Kollegen nennen und kurz schildern, wodurch diese zum Erfolg eines Projekts beigetragen haben. Wollen Sie partout keine Namen nennen, werden Personalberater misstrauisch, was die Gründe für Ihre Geheimniskrämerei sind.

 „Was hat nicht so geklappt, wie Sie es sich gewünscht haben?"

Zur Frage nach dem größten Erfolg gesellt sich unweigerlich die weniger schöne Seite der Medaille: die nach dem Misserfolg. Hier gelten die gleichen Regeln: Überlegen Sie im Vorfeld des Gesprächs gut, welches Beispiel Sie an dieser Stelle am besten nennen, ohne dass Sie es später bereuen. Seien Sie ehrlich, erfinden Sie keine Geschichten, das kann im Nachhinein auffliegen. Keine Angst, Sie müssen sich nicht als Versager darstellen, sondern sollen lediglich eine Begebenheit schildern, bei der Sie mit Ihrem Ziel gescheitert sind. Jeder Mensch hat solche Situationen in seiner Laufbahn erlebt. Auch der Personalberater, der Ihnen gegenüber sitzt, vor allem, wenn er kein Anfänger mehr ist.

Schildern Sie etwa einen Fall, wo ein langwieriges Projekt nicht zum erhofften Erfolg geführt hat. Wo ein Zeitplan komplett aus dem Ruder lief, ein Produkt bei den Verbrauchern scheiterte, ein Entwurf dem Vorstand nicht gefiel, eine Fehlinvestition Ihren Arbeitgeber viel Geld gekostet hat. Interne Machtkämpfe sollten Sie dagegen nicht anführen.

Kommen Sie nie auf die Idee, mit tränenerstickter Stimme zu berichten, dass Sie bei einer Beförderungsrunde übergangen wurden!

Wenn Sie das als Ihre größte Niederlage ansehen, werden Sie damit nicht auf Verständnis stoßen.

Für den Personalberater ist wichtig, dass Ihr Scheitern nicht daran lag, dass Sie nachlässig gearbeitet haben oder sich zu wenig Mühe gegeben haben, sondern dass es andere Gründe gab, etwa Ihre mangelnde Erfahrung in einem neuen Arbeitsgebiet, oder dass Sie bestimmte Gepflogenheiten im internationalen Geschäftsverkehr noch nicht kannten. Wälzen Sie den Misserfolg nicht auf Kollegen oder Mitarbeiter ab, sondern machen Sie klar, dass Sie den Fehler bei sich gesucht haben. Kommen Sie nach Ihrer Schilderung schnell darauf, wie Sie mit Ihrem Misserfolg umgegangen sind. Haben Sie die Gründe analysiert? Sie Ihren Vorgesetzten erklärt? Arbeitsroutinen eingeführt, die verhindern, dass ein Fehler erneut passiert? Alles, was darauf hindeutet, dass Sie sich nicht frustriert in Ihr Schneckenhaus zurückgezogen haben, ist erwähnenswert.

Ganz gleich, ob Sie schon eine Führungskraft sind oder erst noch eine werden wollen: Der Personalberater hört aus Ihren Erzählungen nicht nur Ihre eigene Geschichte heraus, sondern er bekommt auch ein Bild davon, wie Sie reagieren, wenn einem Mitarbeiter von Ihnen einmal ein Fehler unterläuft, ob Sie Ihre Mannschaft auch dann motivieren können, positiv nach vorne zu blicken.

? **„Wie kommt es, dass Sie Ihr ganzes Leben in Köln geblieben sind?"**

Ein wichtiges Thema ist für viele Personalberater die Ortsfrage. Wenn Sie eng mit einer Stadt oder Region verbunden sind, machen Sie sich vor dem Gespräch klar, warum dies so ist. Liegt es daran, dass Sie dort immer die interessantesten Stellenangebote gesehen haben? Im Idealfall sollte das so sein, dies lässt sich auch im Gespräch gut verkaufen. Wenn es so ist, dass Sie aus familiären Gründen immer an einem Ort geblieben sind, etwa, um Angehörige zu pflegen, können Sie dies auch ehrlich antworten. Personalberater sagen, dass es sie nicht peinlich berührt, wenn Kandidaten etwas aus ihrem Privatleben erzählen, sondern dass sie sich über diese Offenheit freuen. Vorausgesetzt, die Schilderungen familiärer Probleme werden nicht zum dominierenden Gesprächsinhalt und gehen nicht zu sehr ins Detail.

Mehr als der Blick in die Vergangenheit interessieren beim Thema Mobilität jedoch Ihre Vorstellungen für die Zukunft: Wollen Sie in Ihrer Heimatregion bleiben, weil Ihr Partner dort auch einen guten Job hat oder die Kinder gerade eingeschult wurden? Oder sind Sie flexibel, haben gar Lust, auch mal an einen anderen Ort innerhalb Deutschlands oder ins Ausland zu ziehen? Fragen, die Sie nicht alleine beantworten, sondern im Vorfeld mit Ihrer Familie besprechen sollten. Was auch immer Sie dann im Gespräch antworten: Dies sollte Ihre Haltung in den nächsten Monaten wiedergeben. Wer im ersten Gespräch Umzugsbereitschaft heuchelt, später dann aber einen Rückzieher macht, katapultiert sich nicht nur für die jeweilige Stelle ins Aus, sondern oft auch ganz aus der Kartei der Personalberatung.

❓ „Haben Sie eigentlich Kinder?"

Diese Frage bekommen vor allem Frauen gestellt. Sie klingt erstmal harmlos, wer plaudert nicht gerne über die lieben Kleinen, sofern er welche hat, über Alter, Entwicklungsstand, die jüngsten Erlebnisse. Doch der Personalberater interessiert sich nicht dafür, welche Fortschritte der Nachwuchs in letzter Zeit gemacht hat, sondern dafür, ob der Kandidat vor ihm den Kopf für eine neue Position frei hat. Auch wenn es gelegentlich Chaos gibt, weil die Kindertagesstätte streikt oder die Tagesmutter plötzlich krank wird: Wenn Sie Kinder haben, beschreiben Sie Ihre Familiensituation immer positiv. Schildern Sie kurz, wie die Betreuung organisiert ist. Ein eng geknüpftes Netzwerk aus Betreuungseinrichtungen, Großeltern und Freunden signalisiert, dass Sie den Alltag im Griff haben.

Sie können den Personalberater auch umgekehrt fragen, warum er das von Ihnen wissen will und wie sein Auftraggeber zum Thema Beruf und Familie steht. Welche Angebote es für Eltern gibt, ob zum Beispiel die Chance auf einen Platz in der firmeneigenen Kindertagesstätte besteht. Denken Sie immer daran: Auch Sie dürfen Fragen stellen. Das ist sogar ausdrücklich erwünscht.

Wenn Sie (noch) keine Kinder haben, sagen Sie dies kurz und knapp. Sehen Sie sich nicht dazu genötigt, von sich aus über so etwas Privates wie Ihre Familienplanung zu sprechen, auch wenn der Personalberater nach Ihrer Antwort, dass Sie keine Kinder haben, erst einmal nichts sagt.

> **Personalberater machen gerne Schweigepausen, um Kandidaten zum Weiterreden zu ermuntern. Fallen Sie nicht darauf rein!**

Kunstpausen, gerne verbunden mit einem aufmunternden Lächeln des Personalberaters, sind unangenehm. Eigentlich sind Sie mit Ihrer Antwort fertig, doch der Headhunter gibt Ihnen das Gefühl, dass Sie noch etwas erzählen sollten. Wenn Sie das nicht wollen, halten Sie so einen Moment des Schweigens ruhig auch einmal aus.

Hakt der Personalberater weiter nach, wie denn Ihre Familienplanung aussieht, antworten Sie freundlich, aber bestimmt, dass derzeit Ihre beruflichen Pläne im Vordergrund stehen, sonst säßen Sie nicht hier. Ein Hinweis darauf, dass Sie der Ansicht sind, mit entsprechender Vorbereitung und Organisation ließen sich Beruf und Familie immer vereinbaren, deutet an, dass Sie im Fall der Fälle nicht lange Zeit zuhause bleiben würden, was für den Auftraggeber des Personalberaters eine wichtige Information ist.

? „Wie kommt es, dass Sie mal selbständig waren?"

Haben Sie eine Zeit lang als Selbständiger oder als Freiberufler gearbeitet, kann dies ebenfalls Fragen nach sich ziehen. Dazu sollten Sie wissen: Hinter der Tätigkeit als Selbständiger vermuten Personalberater ebenso wie viele Personalverantwortliche in Unternehmen oft eine Verlegenheitslösung. Der Kandidat hat sich selbständig gemacht, weil er sonst nichts anderes gefunden hat, so das Vorurteil. Selbst wenn es so war: Machen Sie deutlich, welche Geschäftsidee Sie dazu veranlasst hat, auf eigene Rechnung zu arbeiten, warum Sie an den Erfolg geglaubt haben und wie sich das Ganze entwickelt hat. Und nennen Sie gleichzeitig plausible Gründe, warum Sie nun wieder ins Angestelltendasein wechseln wollen. Ein geregeltes Einkommen sollte nicht das Hauptargument sein. Argumentieren Sie eher mit den Möglichkeiten, die Ihnen ein größeres Unternehmen bietet, bessere Marketing- und Vertriebsmöglichkeiten zum Beispiel oder ein internationaler Kundenkreis.

 „Können Sie das überhaupt noch: als Angestellter arbeiten?"

Selbständige stehen im Ruf, schwierige Menschen zu sein, Eigenbrötler, die nicht mit anderen Menschen im Team arbeiten und sich nicht mehr Vorgesetzten unterordnen können. Je länger Sie selbständig waren, desto eher werden Sie dieses gängige Bild entkräften müssen. Nehmen Sie dem Personalberater den Wind aus den Segeln, sagen Sie „Ich weiß, Selbständige gelten als schwierig, aber Sie brauchen sich keine Sorgen zu machen. Ich bin mir sicher, dass ich mich gut in das Unternehmen integrieren könnte, weil ..."

 „Would you mind repeating that?"

Mit dem spontanen Wechsel ins Englische verfolgt der Headhunter zwei Ziele: Erstens will er sehen, wie lange Ihre Verblüffung anhält. Und zweitens will er testen, wie gut Sie auf Englisch antworten können. Verhandlungssicheres Englisch wird heute in nahezu allen Bereichen erwartet, ob Wirtschaft, Kultur oder Gesundheitswesen. Deshalb wollen Personalberater nicht das Risiko eingehen, Ihrem Kunden einen Kandidaten zu empfehlen, der mit seinem Schulenglisch-Vokabelschatz um Worte ringt.

Machen Sie sich darauf gefasst, dass der Personalberater im Laufe des Gesprächs unvermittelt seine nächste Frage auf Englisch stellt!

Wenn Sie in Amerika studiert oder schon längere Zeit im Ausland gearbeitet haben, sehen Personalberater gelegentlich von diesem Test ab, ansonsten gehört er zum Standardrepertoire solcher Treffen. Antworten Sie ohne mit der Wimper zu zucken (und ohne Rückfragen in der Art „Soll ich jetzt Englisch reden?" Oder: „Warum jetzt auf Englisch?") ebenfalls auf Englisch. Wenn Sie sich gut schlagen, ist es meist mit einer Frage und Antwort getan.

Ist Ihnen klar, dass es nicht gerade zu Ihren Stärken gehört, fließend auf Englisch zu plaudern, üben Sie im Vorfeld typische Gesprächsbausteine. Erzählen Sie sich oder einem Bekannten Ihren Lebenslauf auf Englisch, berichten Sie über Ihre größten Erfolge, charakterisieren Sie Ihre Stärken und Schwächen und beschreiben Sie auf Englisch, ob Sie internationale Karriereziele verfolgen. Dies sind typische Stellen, an denen Personalberater die Sprache wechseln. Auch wiederholen sie gerne eine gerade schon gestellte Frage auf Englisch, um zu sehen, ob sich die Antwort des Kandidaten mit dem deckt, was er auf Deutsch gesagt hat, oder ob die ausführliche Erzählung plötzlich zu einer Ein-Satz-Antwort schrumpft. Um leichter in die Sprachwelt zu finden, hilft es unter Umständen auch, in den Tagen vor dem Gespräch englische Fernseh- und Radiosender zu hören.

Charakterisieren Sie Ihren Arbeitsstil!

Nachdem der Personalberater nun einen Eindruck davon hat, wie Ihre bisherige berufliche Laufbahn aussah, an welchen Stellen es gut für Sie lief und wo Sie auch einmal Rückschläge einstecken mussten, beginnt nun der Teil des Gesprächs, der sich losgelöst von früheren Ereignissen um Ihre Person dreht. Der Personalberater will wissen, wie Sie sich am Arbeitsplatz verhalten. Er kennt aus seinen Vorgesprächen die Vorgesetzten und manchmal auch die Kollegen rund um die zu besetzende Stelle. Er hat also ein ziemlich gutes Gefühl dafür, was den neuen Stelleninhaber erwartet und welche Ansprüche sein Auftraggeber stellt. Während Sie erzählen, überlegt der Headhunter, ob Sie sich mit Ihrer Persönlichkeit gut in diesen Kreis integrieren würden.

 „Beschreiben Sie doch bitte mal, wie sich Ihr Aufgabengebiet aktuell gestaltet.“

Personalberater graben nicht nur in der Vergangenheit. Daneben interessiert sie auch die Gegenwart, wie Ihr Arbeitsalltag aussieht, welche internen Organisationsstrukturen es in Ihrem Unternehmen gibt und welche Rolle Sie dort einnehmen. Sie wollen wissen, wie Arbeitsabläufe strukturiert sind, wie groß das Gebiet ist, das Sie zu betreuen haben, wie viel Umsatz es erwirtschaftet.

Das alles sind berechtigte Fragen, um Sie als Kandidaten einzuschätzen und besser kennenzulernen. Aber es sind auch Informationen, über die Arbeitnehmer sonst nicht sprechen, weil der Arbeitgeber diese Daten mit Blick auf die Konkurrenz lieber für sich behalten möchte. Nicht wenige Arbeitsverträge enthalten Klauseln, die Mitarbeiter zur Verschwiegenheit über Betriebsinterna verpflichten. Als Kandidat in einem Personalberatergespräch bringt Sie das in eine unangenehme Situation: Einerseits wollen Sie auf die Fragen antworten, um die Chance auf die zu besetzende Position nicht zu verspielen. Andererseits wollen Sie aber auch keine Betriebsgeheimnisse Ihres aktuellen Arbeitgebers ausplaudern.

Fakt ist: In einem Gespräch mit einem Headhunter werden immer auch Informationen über den Markt und Wettbewerber ausgetauscht. Personalberater interessieren sich nicht nur für die Person, sondern wollen in einem solchen Gespräch auch Neues über die Branche erfahren. Dessen sind sich Arbeitgeber bewusst. Und Fakt ist auch: Ein seriöser Personalberater wird den Inhalt Ihres Gesprächs für sich behalten.

Alles, worüber Sie mit einem Personalberater sprechen, ist streng vertraulich.

Theoretisch könnten Sie also frei sprechen. Trotzdem tun Sie gut daran, nur über solche Dinge zu reden, die Sie gut mit Ihrem Gewissen vereinbaren können, etwa weil auch Ihre externen Geschäftspartner davon wissen. Wenn Sie keine konkreten Umsatzzahlen oder Budgets nennen wollen, arbeiten Sie mit Größenordnungen: hoher sechsstelliger Betrag, niedriger einstelliger Millionenbereich, geben Sie lediglich Orientierungshilfen. Die Beantwortung der Frage mit einem „Darüber darf ich nicht sprechen" komplett zu verweigern, ist wenig ratsam. Solch eine Abwehrhaltung ist nur in den seltensten Fällen gerechtfertigt.

 „Was sind Ihre größten Stärken und Schwächen?"

Eine abgenutzte, aber immer noch beliebte Frage, um mehr Informationen aus dem Kandidaten herauszukitzeln. Drehen Sie am besten die Reihenfolge um und berichten Sie zuerst über die Schwächen und dann über die Stärken. Wenn der Personalberater wie so oft am Ende Ihrer Antwort einhakt und weiterfragt, sind Sie auf diese Weise nicht bei Ihren weniger guten Seiten, sondern bei etwas Positivem.

Insgesamt sollten Sie darauf achten, dass Sie kürzer über Ihre Schwächen reden als über Ihre Stärken. Der Personalberater stoppt die Zeit zwar nicht, aber wenn Sie mehrere Schwächen nennen und lediglich eine Stärke, dann dominieren die Schwächen seinen Eindruck von dieser Gesprächsphase, und er fragt sich, ob Sie über ausreichend Selbstbewusstsein verfügen, um die Position auszufüllen, um die es geht. Nennen Sie stattdessen nur eine Schwäche und dafür mehrere Stärken.

Es gibt reihenweise Ratgeberliteratur, wie Sie am besten auf die Stärken-Schwächen-Frage antworten sollten, doch Vorsicht: Mit vorgestanzten Standardantworten machen Sie sich keine Freunde, sondern unglaubwürdig.

Wer auf die Frage nach seinen Schwächen „Ich werde leicht ungeduldig" antwortet, riskiert genervtes Augenrollen.

Seit Jahren gilt Ungeduld als Musterantwort auf die Frage nach den Schwächen, Kandidaten sollen so Arbeitseifer und Führungsstärke gegenüber weniger schnellen Mitarbeitern signalisieren. Vergessen Sie's, selbst wenn Sie tatsächlich ein ungeduldiger Mensch sein sollten. Personalberater winken bei diesem Satz sofort ab, weil sie ihn in den vergangenen Jahren von nahezu jedem Kandidaten gehört haben.

Jeder Mensch hat Schwächen, bestimmte Eigenarten, die anderen auf die Nerven gehen können. Sie können entweder fachlicher oder persönlicher Natur sein. Wichtig ist dem Personalberater, dass Sie sich dessen bewusst sind und an sich arbeiten. Es sollte eine Schwäche sein, die keinen materiellen Schaden für den Arbeitgeber anrichtet. Wenn Sie also ein manischer Zettelschreiber sind, der sein Büro mit Post-its pflastert und unentwegt neue To-do-Listen anfertigt: Raus damit. Auch wenn Sie ein Jäger und Sammler sind, der sich von keiner Studie oder Präsentation trennen kann, und die Papierberge auf Ihrem Schreibtisch in die Höhe wachsen: Sagen Sie es. Wer gerne alles unter Kontrolle hat und deshalb selbst die kleinste Dienstreise lieber selbst bucht, statt sie sich vom Reisebüro organisieren zu lassen, kann dies ebenfalls erwähnen. Auch so mancher Personalberater wird sich ansatzweise darin erkennen. Und versuchen Sie nicht, die genannte Schwäche positiv umzudeuten, sondern stehen Sie zu ihr.

Eine Ausnahme gibt es: Sie sollten nie erwähnen, dass Sie es mit der Pünktlichkeit nicht ganz so genau nehmen. Personalberater und Personalchefs reagieren darauf gleichermaßen empfindlich.

Eine Schwäche, die Sie unter keinen Umständen nennen sollten, ist Unpünktlichkeit!

Wenn Sie jemand sind, der dazu neigt, immer erst mit halbstündiger Verspätung und quietschenden Reifen auf dem Kundenparkplatz zu halten, wenn Sie Deadlines bis zur letzten Minute ausreizen und manchmal auch darüber hinaus, sollten Sie das lieber für sich behalten. Personalberater legen zwar großen Wert auf Ehrlichkeit, aber in diesem Fall schaden Sie sich damit. Wenn Sie Unpünktlichkeit beichten, gehen beim Personalberater sofort alle Alarmglocken an: Wie viele Nerven würden Sie Ihren Vorgesetzten kosten? Wie viele Kunden verärgern? Deshalb: Schweigen Sie lieber und nennen Sie eine andere Schwäche.

Was Ihre Stärken angeht: Nennen Sie nur solche, die Sie auch mit Beispielen belegen können. Wenn Sie diese Beispiele nicht von sich aus erzählen, wird der Personalberater Sie danach fragen. Sind Sie dafür bekannt, auch mal unbekannte Pfade zu betreten? Haben Sie einen neuen Produktionsansatz entwickelt, der Zeit und Geld spart? Überlegen Sie, welche Eigenschaft Ihr aktueller Arbeitgeber vermutlich besonders an Ihnen schätzt.

Weil viele Kandidaten schon damit rechnen, dass im Gespräch die Frage nach ihren Stärken und Schwächen kommt und sich entsprechend darauf vorbereiten, hat so mancher Personalberater seine Gesprächsstrategie geändert und fragt nun nicht mehr direkt nach den Stärken und Schwächen, sondern indirekt.

„Wie würden Ihre Kollegen Sie beschreiben?"

„Was würde Ihr Vorgesetzter über Sie sagen?"

„Wie würden Sie Ihren Arbeitsstil beschreiben?"

Im Prinzip geht es dabei um nichts anderes als Ihre Stärken und Schwächen: Was schätzen Ihre Kollegen an Ihnen, was nicht so sehr? Konzentrieren Sie sich auf Aspekte, die konkret Ihre Arbeit betreffen. Ihre Kollegen nervt es, dass Sie dauernd Ihr Geschirr in die Kaffeeküche stellen, in der Hoffnung, dass ein anderer es spült? Mag sein, doch das hat an dieser Stelle nichts verloren. Ihre Kollegen beschweren sich darüber, dass Sie im Halbstunden-Takt eine Zigarettenpause einlegen? Oder dass Sie beim Betriebsfußball ständig rabiat foulen? Auch das sollten Sie für sich behalten. Beschränken Sie sich auf Dinge, die aus der Zusammenarbeit resultieren und die zwar gelegentlich nervig sein mögen, aber den Betriebsablauf nicht wesentlich stören.

Die Aussagen aus dem vergangenen Mitarbeitergespräch sind ein guter Anhaltspunkt, wo Ihre Stärken und Schwächen liegen. War es beispielsweise der Wunsch Ihres Chefs, dass Sie Ihre Englischfähigkeiten verbessern? Oder sich mit der Programmierung von Internetseiten vertraut machen? Oder dass Sie zurückhaltendere Kollegen in Besprechungen nicht verbal überrollen, sondern mehr Rücksicht nehmen, höflicher sind?

> **Denken Sie an das letzte Mitarbeitergespräch: Was hat Ihr Chef Lobendes gesagt? Und woran sollen Sie noch arbeiten?**

Erwähnen Sie im Gespräch mit dem Personalberater wenn möglich nicht nur, welche Eigenschaften Sie an sich noch verbessern wollen, sondern auch, was Sie dafür tun, welche Fortbildung Sie beispielsweise in Kürze besuchen.

 „Wodurch unterscheiden Sie sich von Ihren Kollegen?"

Vorsicht! Wer hier antwortet: „nichts" oder „das weiß ich nicht", signalisiert dem Personalberater, dass er sich selbst eher für einen Durchschnittsmitarbeiter hält und der Headhunter genauso gut jeden anderen Mitarbeiter aus dem Team hätte ansprechen können. Umgekehrt gilt: Wenn Sie diese Frage als Aufforderung verstehen, sich minutenlang in den höchsten Tönen selbst zu loben, wirken Sie wie ein arroganter Schnösel, der abschätzig auf seine Kollegen herunterschaut.

Loben Sie zunächst, dass Sie in einem sehr guten Team arbeiten, in dem alle motiviert sind und einen ähnlich hohen Anspruch an die Arbeit stellen. Gehen Sie dann dazu über, was Sie zu einem besonders guten Mitarbeiter in diesem Team macht. Haben Sie mehr Erfahrung als andere, wodurch Sie in bestimmten Situationen schneller reagieren können? Oder sind Sie die Person, an die sich die anderen in kniffligen Situationen wenden? Weil Sie bekannt dafür sind, auch aus verfahrenen Situationen immer einen Ausweg zu finden? Überlegen Sie, was für die zu besetzende Position von Bedeutung sein könnte.

 „Nehmen wir an, Sie könnten sich ein Wunschteam zusammenstellen. Wer wäre dabei?"

Manche Headhunter arbeiten auch mit hypothetischen Fragen, um mehr über den Menschen zu erfahren, der ihnen gegenübersitzt. Etwa, indem sie fragen, welche Mitarbeiter Sie gerne in Ihrem Team mit dabei hätten, wenn Sie ein Projekt Ihrer Wahl verwirklichen könnten. Viele Kandidaten rechnen nicht mit einer solchen Frage, entsprechend hektisch überlegen sie, was für ein Projekt sie überhaupt angehen würden und wen sie dafür benennen könnten.

Überlegen Sie sich deshalb im Vorfeld zum einen, welchen Traum Sie verwirklichen würden, wenn Ihr Arbeitgeber Ihnen freie Hand ließe. Würden Sie am liebsten eine Veranstaltung organisieren, die es so noch nicht gegeben hat? Ein Produkt auf den Markt bringen, das in der Marktforschung zwar gescheitert ist, aber an dessen Erfolg Sie trotzdem glauben? Wenn Sie das Ziel möglichst konkret definiert haben, überlegen Sie, wer Ihnen dabei behilflich sein könnte. Spielen Sie selbst in Gedanken Headhunter.

Sie müssen Ihre Auswahl nicht auf Ihren Kollegenkreis beschränken. Denken Sie auch an Mitarbeiter aus anderen Abteilungen, wenn Sie diese für geeignet halten. Das zeigt, dass Sie gut vernetzt sind und auch über den Tellerrand hinaus blicken. Und Sie können durchaus auch eine Person aus einem anderen Unternehmen nominieren, die Sie eigens für dieses Projekt einstellen würden. Sie sollten nur gut begründen können, warum.

Jeder Name, den Sie nennen, sollte eine bestimmte Rolle besetzen. Damit sieht der Personalberater, dass Sie nicht nur eine Gruppe von Freunden um sich herum gruppieren, mit denen sich eine nette Zeit verbringen lässt, sondern dass Sie strategisch denken.

> **Wenn Sie Ihr Wunschteam beschreiben sollen, nominieren Sie nicht nur Ihre engsten Vertrauten.**

Eine gleiche persönliche Wellenlänge ist erlaubt und Voraussetzung für eine gute Zusammenarbeit, aber achten Sie auch darauf, was für Ihr Projekt wichtig ist, wer welche Aufgabe übernehmen sollte. Viel zu häufig werden im Arbeitsleben Schlüsselpositionen danach besetzt, wer wem noch einen Gefallen schuldig ist. Wenn Sie durchblicken lassen, dass Sie Teams nach fachlichen und sozialen Kompetenzen besetzen, signalisieren Sie Führungsstärke.

Der britische Forscher Meredith Belbin hat viele Jahre die Zusammenarbeit in Teams beobachtet, er gilt als Vordenker auf diesem Gebiet. Belbin hat neun verschiedene Typen ausgemacht, aus denen ein Team idealerweise bestehen sollte, vom extrovertierten Ressourcenbeschaffer bis zum ängstlichen Fertigsteller. Andere Managementexperten unterscheiden nicht neun verschiedene Team-Typen wie Belbin, sondern lediglich zwei: Man brauche deduktive Typen, die vom Allgemeinen auf das Spezielle schließen, und induktiv Veranlagte, die genau umgekehrt arbeiten. Entscheidend ist, dass Sie bei der Zusammenstellung Ihres Wunschteams darauf achten, dass es eine Mischung verschiedener Charaktere ist.

Wer bereits eine Führungsposition innehat, kann davon ausgehen, dass er nicht allein seinen Arbeitsstil charakterisieren soll, sondern auch seinen Führungsstil. Es gibt keine bestimmten Kriterien, die einen guten Chef ausmachen. Wichtig ist, dass Sie fachlich kompetent sind, das sichert Ihnen die Anerkennung und den Respekt Ihrer Mitarbeiter. Einen guten Führungsstil kennzeichnet, dass Ihre Entscheidungen berechenbar sind, Sie Ihre Strategie nicht von einem Tag auf den anderen über den Haufen werfen. Gleichzeitig sollten Sie so viel Größe besitzen, dass Sie auch einen Kurswechsel wagen, wenn Sie merken, dass eine Sache in die falsche Richtung läuft. Und eine gute Führungskraft kommuniziert gut, versorgt ihre Mitarbeiter – und zwar alle gleichermaßen – mit Informationen.

Bügeln Sie den Personalberater nicht einfach mit einem „Da müssen Sie meine Mitarbeiter fragen" ab – er wird trotzdem weiterfragen. Überlegen Sie, was Ihre Mitarbeiter über Sie sagen würden, und bauen Sie so Ihre Antwort auf. Erzählen Sie – vorausgesetzt, es entspricht den Tatsachen –, dass Sie Ihre Angestellten motivieren, aber gleichzeitig auch fordern. Dass Sie darauf achten, immer für alle ansprechbar zu sein, dass es in Ihrer Abteilung fair und gerecht zugeht. Ihr Ziel sollte es sein, deutlich zu machen, dass Sie Führung als wichtige und eigenständige Aufgabe wahrnehmen und nicht – wie oft in der Praxis zu beobachten ist – als etwas, das man einfach so nebenbei erledigt.

Ein gutes Indiz dafür, dass Sie als guter Chef wahrgenommen werden, sind positive Beurteilungen in sogenannten 360-Grad-Feedbacks, die inzwischen in vielen Unternehmen verbreitet sind. Darin beurteilt nicht nur der Chef die Mitarbeiter, sondern auch umgekehrt die Mitarbeiter den Chef. Im Gespräch mit dem Personalberater kommt ein Verweis der Art „In unserer jüngsten Feedbackrunde haben mich meine Mitarbeiter als jemanden beschrieben, dessen Türen immer offen stehen und der sie gut in seine Entscheidungen einbindet" gut an. Auch eine niedrige Fluktuationsrate in Ihrem Bereich können Sie als Beleg dafür anführen, dass Ihre Mitarbeiter es mit Ihnen offensichtlich gut aushalten.

Wenn Sie selbst der Meinung sind, dass Ihr Führungsstil verbesserungsfähig ist, sprechen Sie dies offen an. Führung ist nichts, was man automatisch kann oder intuitiv richtig macht, sondern etwas, das sich lernen lässt. Viele Führungskräfte aber lehnen Nachhilfe in Managementfragen ab. Wenn Sie den Eindruck vermitteln, dass Sie in dieser Hinsicht anders sind, dass Sie an sich arbeiten wollen, werden Sie beim Personalberater auf offene Ohren stoßen.

? „Wer könnte mir noch ein bisschen was über Sie erzählen?"

Es kann gut sein, dass der Personalberater Sie abschließend noch um Referenzen bittet, um Menschen, die er ansprechen kann, wenn er sein Bild von Ihnen vertiefen will. So oder so ähnlich wird er es formulieren. Die Bitte um Referenzen ist kein Misstrauensvotum gegen Sie, sondern verbreiteter Bestandteil einer Stellenbesetzung. Trotzdem geht es dabei nicht nur um eine Ergänzung oder Vertiefung, wie es der Personalberater nennt, sondern auch darum, dass er den Wahrheitsgehalt Ihrer Aussagen überprüfen will. Sind Sie wirklich so ein begnadeter Denker, wie Sie sich selbst dargestellt haben? Sind Ihre Führungsqualitäten wirklich so gut?

Sie sollten sich vor dem Gespräch deshalb für den Ernstfall zwei oder drei Referenzpersonen überlegt haben, mit denen Sie früher einmal zusammengearbeitet haben und die etwas über Sie erzählen könnten – möglichst viel Gutes. Etwa der Professor, der Ihre Promotion begleitet hat. Oder Ihr Vorgesetzter bei einem früheren Arbeitgeber. Nach Möglichkeit sollten es Menschen sein, die auf der Karriereleiter eine Stufe über Ihnen stehen, also keine befreundeten Kollegen. Und diese Menschen sollten über Ihr Vorhaben Bescheid wissen.

> **Wenn Sie frühere Weggefährten als Referenzen nennen, sollten Sie sie vorher um ihr Einverständnis gebeten haben.**

Auf die Frage, ob sie eine Referenz abgeben könnten, sind die meisten Menschen kurz erstaunt, aber dann gerne bereit, dass der Personalberater sich bei ihnen erkundigen kann. Im angelsächsischen Wirtschaftsraum sind Referenzen verbreiteter als in Deutschland.

Warum wollen Sie überhaupt wechseln?

Personalberater sind immer für Überraschungen gut, und dazu gehört auch, dass sie mitunter gegen Ende des Gesprächs die Frage stellen, warum es eigentlich stattgefunden hat.

Kein Zweifel, weil Sie wechselwillig sind, das hat der Headhunter schon in den telefonischen Gesprächen vorab geklärt. Was dabei aber wahrscheinlich nicht zur Sprache kam: Warum sind Sie überhaupt wechselwillig? Sie haben beschrieben, was für einen eindrucksvollen Lebenslauf Sie haben, was Sie alles bei Ihrem aktuellen Arbeitgeber leisten, wie Ihre Vorgesetzten und Kollegen Sie schätzen – wenn alles so toll läuft, warum wollen Sie dort weg? Personalberater möchten nachvollziehen, was Sie sich von einem Wechsel versprechen. Nur so können sie abschätzen, ob es sinnvoll ist, Sie dem Unternehmen zu präsentieren.

Wenn Ihre Wechselüberlegungen mit Ihrem cholerischen Chef zu tun haben, der heute „Hü" und morgen „Hott" sagt, oder mit den faulen Kollegen, die ständig ihre Arbeit auf Sie abwälzen, wenn Sie es leid sind, bei der Kundenakquise immer den Namen Ihres Arbeitgebers buchstabieren zu müssen, weil niemand ihn kennt: Was auch immer die Gründe sein mögen, formulieren Sie diese möglichst zurückhaltend. Ein Personalberater berichtete einmal, dass ein Kandidat ihm auf seine Frage geantwortet habe, dass er „angepisst" davon sei, dass „seine Mädels" nicht das machen würden, was er wolle. Ein anderer Kandidat erwähnte einmal, sein Chef sei „einfach zu schwach" gewesen, um Veränderungen durchzusetzen. Auf diese Weise machen Sie sich sicherlich nicht beliebt.

So sympathisch Ihnen der Personalberater auch ist, so viel Vertrauen Sie mittlerweile zu ihm aufgebaut haben: Besinnen Sie sich darauf, dass es sich um einen Geschäftskontakt handelt. Ein Headhunter ist nicht Ihr Leidensgefährte und auch kein Freund. Über Kollegen, Vorgesetzte und Mitarbeiter können Sie sich zuhause bei Ihrer Familie beschweren und auf Mitleid hoffen, aber nicht im Büro eines Personalberaters. Es ist ein absolutes Tabu, in Personalgesprächen über den aktuellen Arbeitgeber zu lästern, über unfähige Mitarbeiter, unlogische Geschäftsabläufe oder Ähnliches.

Schauen Sie nicht zurück, sondern nach vorne. Begründen Sie Ihre Wechselabsichten mit dem, was Sie sich von der zu besetzenden Position versprechen: Wünschen Sie sich, verantwortungsvollere Aufgaben zu übernehmen, und der Auftraggeber des Personalberaters bietet diese Möglichkeit? Sie streben eine Führungsaufgabe an oder wollen eine Ebene weiter nach oben kommen? Sie versprechen sich von der offenen Position die Möglichkeit, internationaler zu arbeiten, sofort oder später ins Ausland gehen zu können? Wollen nicht mehr für einen Mittelständler arbeiten, sondern für einen mehr in der öffentlichen Aufmerksamkeit stehenden Konzern? Oder Sie kennen Ihre Branche inzwischen aus dem Effeff, wollen dort aber nicht bis zur Rente bleiben? All dies sind gute Argumente, warum sich ein Wechsel für Sie lohnen könnte.

Wenn Sie das Gespräch mit dem Personalberater in erster Linie deshalb wahrgenommen haben, weil Ihnen Ihr Vorgesetzter angedeutet hat, dass er für Sie keine große Zukunft im Unternehmen sieht, weil Ihr Zeitvertrag ausläuft und wohl nicht verlängert wird, verschweigen Sie dies nicht. In Unternehmen wird ständig umstrukturiert, mal mehr, mal weniger intensiv. Überall kommt es vor, dass neue Vorgesetzte ihre Vertrauten mitbringen und sich dafür von anderen Mitarbeitern trennen. Den Personalberater wird das nicht überraschen. Viele Kandidaten wechseln, weil sie sich bei ihrem bisherigen Arbeitgeber ausgebremst fühlen. Es ist wenig sinnvoll, solche Gründe zu verschweigen. Ein gut in der Branche vernetzter Headhunter hat ohnehin schon gehört, dass es in Ihrem Unternehmen Veränderungen gibt, dass Sie Druck haben, sich etwas Neues zu suchen. Reden Sie also lieber nicht um den heißen Brei herum.

Niemals sollten Sie auf die Frage *„Warum sitzen Sie überhaupt hier?"* durchblicken lassen, dass es Ihnen eigentlich gar nicht so sehr um diese offene Position geht, sondern dass Sie lediglich der Anruf des Personalberaters geschmeichelt hat und Sie dachten, ein Treffen könne nicht schaden.

Wer sich auf ein persönliches Gespräch eingelassen hat, sollte ein grundsätzliches Wechselinteresse signalisieren.

Geben Sie nicht zu verstehen, dass es Ihnen allein um Kontaktpflege geht. Personalberater verschwenden ungern ihre Zeit. Das heißt nicht, dass Sie in jedem Fall „Ja" sagen müssen. Wenn die Position Ihnen später tatsächlich angeboten werden sollte, können Sie immer noch ablehnen, etwa mit dem Verweis darauf, dass Ihnen beim späteren Treffen der Auftraggeber unsympathisch war. Oder dass Ihre Gehaltsvorstellung nicht erfüllt wurde. Aber erwecken Sie nicht den Eindruck, dass Sie sich eigentlich während des ganzen Prozesses nicht wirklich für die Stelle interessiert haben. Damit sind Sie bei diesem Personalberater unten durch.

 „Gesetzt den Fall, Sie bekämen die Stelle. Was würden Sie als Erstes tun?"

Vor allem von Führungskräften wird erwartet, dass sie im Rahmen des Gesprächs nicht nur Ihre Wechselabsichten begründen können, sondern auch, dass Sie sich schon gedanklich mit der neuen Position beschäftigt haben. Keine Angst, der Personalberater erwartet nicht, dass

Sie nun einen fertig ausgearbeiteten 100-Tage-Plan aus der Tasche ziehen, den Sie sich zwischen Telefonat und Interview überlegt haben. Aber der Personalberater will sehen, inwieweit Sie sich schon ernsthaft mit der Position beschäftigt haben, sich überlegt haben, welche Akzente Sie setzen wollen.

Überlegen Sie sich einen Plan, wie Sie die ersten Monate im neuen Unternehmen strukturieren würden. Wenn etwa mit der offenen Position die Aufgabe verbunden ist, einen neuen Geschäftsbereich aufzubauen: Wie würden Sie dabei vorgehen – wann würden Sie das Gespräch mit möglichen Kunden suchen? Wen würden Sie ansprechen? Wann würden Sie Lieferanten und Produzenten besuchen? Wie würden Sie den neuen Geschäftsbereich bekannt machen?

Nutzen Sie die Frage nicht, um dem Personalberater klar zu machen, was Ihrer Meinung nach bei dem Unternehmen alles im Argen liegt und verbesserungsfähig wäre. Vermeiden Sie den Eindruck, Sie würden Ihrem künftigen Arbeitgeber vorschreiben wollen, was es nun alles zu ändern gilt. Selbstverständlich erwartet man von Ihnen Veränderungen und eigene Impulse, aber dosieren Sie Ihre Kritik an Leistungen und Produkten sparsam. Pluspunkte sammelt, wer erwähnt, dass er gerne für einige Tage an der Basis mitarbeiten würde, etwa in der Produktion oder im Verkauf, um alle Abläufe zu erleben.

 „Wie viel verdienen Sie im Moment?"

Im weiteren Verlauf des Gesprächs prüft der Personalberater meist, ob die Rahmenbedingungen für einen Wechsel stimmen. Da wäre zunächst einmal die Frage nach dem Gehalt.

In der Regel werden Sie nicht danach gefragt, was Sie gerne verdienen möchten, sondern wie viel Sie aktuell erhalten. Der Personalberater wird sich diese Summe notieren. Sie ist die Ausgangsbasis für die Verhandlungen – falls es dazu kommt. Deshalb sollten Sie vor dem Gespräch mit einem Personalberater unbedingt einen Blick auf Ihre letzte Jahres-Gehaltsabrechnung werfen. Es gibt nichts Peinlicheres, als auf die Frage nach der Höhe der aktuellen Bezüge erst einmal nachzurechnen, wie hoch sie eigentlich sind und die Summe später womöglich noch nach oben zu korrigieren.

Achtung: Die Verhandlungen über das Gehalt sind nicht Teil des Gesprächs mit dem Personalberater!

Das Geld wird erst dann zu einem Thema, wenn Sie auch die nächste Runde gemeistert haben, das Unternehmen von Ihnen überzeugt ist und Sie offiziell in Vertragsverhandlungen miteinander treten.

Die meisten Führungskräfte, aber auch viele Fachkräfte, werden variabel bezahlt. Deshalb sollten Sie dem Personalberater sowohl Ihr festes Grundgehalt nennen als auch den Bonus, den Sie zuletzt zusätzlich erhalten haben. Sie müssen dabei nicht auf den letzten Euro genau die Beträge nennen, die letztlich in Ihrer Lohnsteuerbescheinigung standen. Personalberater rechnen durchaus damit, dass Sie großzügig nach oben aufrunden, um die Ausgangsbasis für die späteren Verhandlungen zu steigern.

Aber übertreiben Sie es nicht. Wer behauptet, dass er aktuell knapp 120.000 Euro im Jahr verdient, es aber im letzten Jahr tatsächlich nur 100.000 Euro waren, der lügt schlichtweg. Und das rächt sich, wenn es auffliegt, was durchaus passieren kann. Der Personalberater kann zum Beispiel von einer Kontaktperson aus Ihrem Unternehmen den Hinweis bekommen, dass Sie in Wirklichkeit viel weniger verdienen, als Sie angegeben haben. Oder Ihr neuer Arbeitgeber wird stutzig, wenn Sie für ein Darlehen oder für einen Wechsel in der Krankenversicherung Unterlagen zum versteuerten Einkommen der vergangenen Jahre einreichen.

Der Arbeitgeber kann einen Gehaltsschwindel als Anlass für eine fristlose Kündigung sehen. Das Vertrauensverhältnis ist in jedem Fall zerstört. Der Personalberater wird Sie aus seiner Datei streichen, womöglich anderen Kollegen davon abraten, Sie für eine Position in Erwägung zu ziehen. Sie haben einen Ruf zu verlieren. Gehen Sie dieses Risiko nicht ein, nur um ein paar Euro mehr im Jahr auszuhandeln. Versuchen Sie lieber, dass Sie von Erfolgen in Form eines Bonus profitieren. Dann haben Sie es selbst in der Hand, wie viel Sie letztlich im Jahr verdienen.

Personalberater haben einen ziemlich guten Überblick, welche Unternehmen welche Vergütungen zahlen. Sie können einschätzen, ob Ihre Angaben realistisch sind, und wenn sie misstrauisch sind, werden sie sich unter Umständen bei anderen Kontaktpersonen aus Ihrem Unternehmen erkundigen, ob es tatsächlich so viel besser zahlt als der Durchschnitt. Wenn Sie sich selbst ein Bild machen wollen, wo Sie im Branchenvergleich mit Ihrem Gehalt liegen, können Sie dies bei einem Gehaltsvergleichsanbieter wie Personalmarkt (www.personalmarkt.de) tun. Für Kandidaten kostet dieser Service rund 30 Euro. Auch Unternehmen ziehen die Daten von Vergütungsspezialisten zu Rate, um einzuschätzen, welche Bezüge für eine Position angemessen sind.

Fragen Sie den Personalberater ruhig zurück, ob Sie mit Ihren aktuellen Bezügen im Rahmen dessen liegen, was sich das Unternehmen vorgestellt hat. Sie können auch fragen, wie es mit Zusatzleistungen beim potentiellen Arbeitgeber aussieht. Bekämen Sie zum Beispiel einen Dienstwagen gestellt, den Sie auch privat nutzen könnten? Gibt es eine betriebliche Altersvorsorgung?

Keine Sorge: Der Personalberater geht nicht davon aus, dass Sie zufrieden wären, wenn Sie Ihr aktuelles Gehalt auch in Zukunft bekämen. Bei einem beruflichen Wechsel ist ein Gehaltsaufschlag nahezu selbstverständlich. Plus fünf bis zehn Prozent gelten als üblich. Sie gehen schließlich ein Risiko ein: das Risiko, ein passables Arbeitsverhältnis zu kündigen und beim neuen Arbeitgeber einen Reinfall zu erleben.

 „Weiß Ihre Frau, dass Sie hier sitzen?"

Wenn es noch nicht Gesprächsthema war, wird der Personalberater das Gespräch vermutlich außerdem noch auf die Frage nach einem eventuellen Ortswechsel lenken – und darauf, was Ihre Familie davon hält. Personalberater sind sehr auf Mobilität bedacht. Zum einen, weil nahezu alle Unternehmen dies als Einstellungsvoraussetzung betrachten.

Von ambitionierten Fach- und Führungskräften wird erwartet, dass sie für die Karriere auch einen Umzug in eine andere Stadt in Kauf nehmen.

Häufig enthalten die Arbeitsverträge Passagen, mit denen sich der Arbeitgeber das Recht vorbehält, einen Mitarbeiter an einen anderen Standort zu versetzen.

Zum anderen legen aber auch Personalberater Wert auf Mobilität. Die meisten von ihnen, vor allem die großen Gesellschaften, arbeiten überregional. Die vielen tausend Kandidatenprofile in den Datenbanken sind für die Headhunter nur dann wertvoll, wenn die Menschen dahinter auch im ganzen Land einsetzbar sind. Eine Sammlung von Einträgen mit dem Vermerk „wechselbereit, aber nur im Umkreis von ...“ erschwert Personalberatern die Arbeit erheblich. Wenn Sie einen Umzug ablehnen, sollten Sie dafür in jedem Fall gute Gründe haben, in erster Linie familiäre. Hobbys oder die Sympathie für eine Stadt sollten keine Rolle spielen. Ein Kandidat hat sich angeblich einmal mit dem Argument gegen einen Ortswechsel gewehrt, seine japanischen Fische würden keinen Umzug vertragen. Mit solchen Begründungen werden Sie einen Personalberater schwer von sich überzeugen.

Studien zufolge ist fast jeder zweite Deutsche zwischen 25 und 54 Jahren für seinen Beruf schon einmal umgezogen oder längere Strecken zwischen Arbeitsplatz und Wohnung gependelt. Wobei die meisten Menschen es bevorzugen, zu pendeln anstatt umzuziehen.

Präsentieren Sie sich im Gespräch besser nicht als Verfechter des Langstrecken-Pendelns!

Zwar ist es längst keine Seltenheit mehr, jeden Tag morgens 80 Kilometer mit dem Auto zum Arbeitsplatz zu fahren und abends wieder zurück. Auch gibt es mittlerweile viele Menschen, die mit einer Bahncard 100 täglich die Distanz Berlin-Hamburg oder Frankfurt-Köln pendeln. Machbar ist vieles, doch es kommt in Gesprächen mit Personalberatern nicht unbedingt gut an.

In der Probezeit wird das vielleicht noch toleriert, aber macht ein Kandidat klar, dass er auch danach weiter pendeln würde, gibt er damit indirekt zu verstehen, dass er die in Aussicht gestellte Position nur als Zwischenlösung ansieht. Die Wahrscheinlichkeit, dass der Personalberater Sie seinem Auftraggeber empfiehlt, ist dann eher gering. Er will schließlich nicht das Risiko eingehen, schon nach kurzer Zeit einen Ersatzkandidaten suchen zu müssen. Außerdem stehen Pendler unter dem Verdacht, stärker als Ortsansässige auf geregelte Arbeitszeiten zu achten. Auch das wird mit wachsender Hierarchiestufe und Verantwortung nicht gern gesehen.

Wenn es für die zu besetzende Position von Bedeutung ist, sollten Sie sich danach erkundigen, in welchem Ausmaß Dienstreisen erforderlich sind. Wenn die neue Tätigkeit eine höhere Reisetätigkeit erfordern würde als Ihre aktuelle Aufgabe, wischen Sie diese Tatsache nicht innerlich mit einem „wird schon werden" beiseite. Wer eine reiseintensive Tätigkeit ausübt, muss dieses Leben mögen, denn es ist anstrengend.

Haben Sie wirklich kein Problem damit, regelmäßig schon Sonntagnachmittag zum Flughafen aufzubrechen, damit Sie Montagmorgen rechtzeitig beim Kunden sind? Würde es Ihnen wirklich nichts ausmachen, freitags immer wieder erst um 23 Uhr nach Hause zu kommen, wenn Ihre Freunde schon ins Bett fallen? Viele Wechselwillige unterschätzen, wie sehr dieses Leben zwischen Flughafenlounges, Taxis und Hotels an den Nerven zehren kann.

 „Jetzt haben wir viel über den Beruf gesprochen – haben Sie auch Hobbys?"

Was sich so anhört, als wollte der Personalberater nun zum Ausklang des Gesprächs wieder auf die Smalltalk-Spur einschwenken, ist in Wirklichkeit eine weitere Frage, um Ihre Leistungsbereitschaft zu prüfen. Wer regelmäßig joggt und noch dazu für einen Marathon trainiert, kann Sympathiepunkte sammeln. Regelmäßiges Lauftraining ist für Führungskräfte fast schon ein Muss. Sie tun einerseits etwas für ihre Gesundheit und signalisieren andererseits auch im Sport Ehrgeiz. Nicht umsonst laufen so viele Vorstandsvorsitzende Marathon – und brüsten sich damit.

Von Vorteil bei dieser Sportart ist, dass man auch spätabends und auf Dienstreisen zu den Laufschuhen greifen kann, ohne dass die Arbeit darunter leidet. Joggen – oder besser noch: für einen Marathon trainieren – ist also legitim. Wer dagegen dreimal in der Woche mit seiner Theatergruppe probt, mag zwar ebenfalls ehrgeizig sein. Doch der Personalberater wird sich fragen, ob Sie deshalb immer pünktlich um sechs Uhr das Büro verlassen. Was gerade in der Anfangszeit in einer neuen Position schwierig werden dürfte. Überlegen Sie stets, wie Ihr Hobby auf Dritte wirkt.

❓ „Wann könnten Sie überhaupt zur Verfügung stehen?"

Zu guter Letzt wird auch noch die Frage kommen, wie Ihre aktuelle Kündigungsfrist aussieht. Damit vergewissert sich der Personalberater, ob sich Ihre Frist ungefähr mit den Vorstellungen des Unternehmens deckt, wann die Position spätestens besetzt sein soll.

Schauen Sie vor dem Gespräch zur Sicherheit noch mal in Ihren Arbeitsvertrag, wie Ihre Kündigungsfrist genau aussieht.

Nichts ist unangenehmer, als im Nachhinein zu korrigieren, dass die Frist nicht drei Monate zum Monatsende beträgt, sondern drei Monate zum Quartalsende.

Verkneifen Sie sich eilig hinterher geschobene Bemerkungen wie „Ich könnte bestimmt auch früher anfangen" – damit vermitteln Sie das Gefühl, dass Sie ohne Rücksicht auf Verluste alles stehen und liegen lassen, wenn sich Ihnen eine bessere Gelegenheit bietet. Dass über jede Kündigungsfrist mit dem Arbeitgeber verhandelt werden kann, wenn Sie erst einmal gekündigt haben, ist Personalberatern bewusst.

❓ „Haben Sie noch Fragen?"

Eine Stunde ist vergangen, manchmal sogar deutlich mehr, doch kein Gespräch mit einem Personalberater wird ohne die Frage enden, ob der Kandidat noch weitere Fragen hat. Auch wenn Personalberater großen Wert darauf legen, dass sich Kandidaten in allen Gesprächsphasen mit Zwischenfragen zu Wort melden: Die Frage nach den weiteren Fragen kommt garantiert.

Wer hierauf antwortet „Nein, eigentlich ist ja alles gesagt", macht sich extrem unbeliebt, selbst wenn man das Gespräch an dieser Stelle ohne Probleme beenden könnte. Ein „Nein" werten Headhunter so, als ob Sie sich nicht ausreichend auf das Gespräch vorbereitet haben. Bislang haben Sie viel über sich erzählt, nun sollen Sie noch einmal ehrliches Interesse an dem Auftraggeber und der Position bekunden. Sehen Sie es positiv: Für Sie ist das die Möglichkeit, alle Fragen loszuwerden, die Sie im Gesprächsverlauf noch nicht stellen konnten. Machen Sie davon Gebrauch.

Fragen Sie den Personalberater zum Beispiel, was er für einen Eindruck von seinem Auftraggeber hat. Welcher Managementstil wird in dem Unternehmen gepflegt? Vor allem bei Mittelständlern kommt der Präsenz des Firmenchefs eine wichtige Rolle zu. Ist er ein Patriarch, der väterlich über seine Mitarbeiter wacht? Lässt er ihnen Freiraum und vertraut auf ihre Entscheidungsgabe? Oder ist er ein Kontrollbesessener, der jede wichtige E-Mail vor dem Senden persönlich absegnen will? Unternehmer sind dafür berüchtigt, auch mal schwer nachvollziehbare Entscheidungen zu treffen. Für die Belegschaft ist das nicht immer einfach. Besonders Führungskräfte müssen in solchen Unternehmen bereit sein, sich unterzuordnen.

Wie schätzt der Personalberater die Person ein, die Ihr direkter Vorgesetzter wäre, an die Sie berichten müssten? Welchen Führungsstil pflegt er oder sie? Hat diese Person Kinder? Wie lange ist sie schon in dem Unternehmen? Zwar werden Sie alle für Sie wichtigen Kontaktpersonen auch noch persönlich kennenlernen, wenn der Personalberater Sie seinem Auftraggeber empfehlen sollte, aber nutzen Sie die Erfahrung und die psychologische Schulung eines Personalberaters. Bitten Sie ihn um eine Einschätzung, wie er seinen Kunden bislang erlebt hat.

Der Personalberater kann Ihnen ein realistisches Bild davon geben, was Sie bei einem Wechsel erwarten würde.

Headhunter wissen zum Beispiel, ob in dem Unternehmen ein sehr starkes Leistungsdenken herrscht und entsprechend viel Druck auf die Mitarbeiter aufgebaut wird. Obwohl das Unternehmen ihn bezahlt, wird der Personalberater darüber offen mit Ihnen sprechen, weil er kein Interesse daran hat, dass Sie – schockiert von dem rauen Umgangston bei Ihrem neuen Arbeitgeber – schon nach wenigen Monaten wieder die Flucht ergreifen. Dann müsste der Personalberater die Suchmaschine erneut anwerfen, und zwar ohne dafür ein Honorar zu bekommen.

Sie können von einem Personalberater eine objektivere Einschätzung der Position und des Umfelds erhalten als im direkten Gespräch mit dem

Unternehmen. Der Personalberater ist nicht Ihr persönlicher Karriere-berater, er ist aber auch nicht die PR-Abteilung seines Auftraggebers. Ihm ist daran gelegen, dass Kandidat und Unternehmen zueinander pas-sen und beide Seiten langfristig mit seiner Empfehlung zufrieden sind. Personalberater leben von Folgeaufträgen: Suchaufträge von dem aktu-ellen Auftraggeber, aber vielleicht auch Aufträge von Ihnen, wenn Sie irgendwann mal mittels eines Headhunters einen Mitarbeiter suchen.

Fragen Sie den Headhunter auch, ob sein Auftraggeber schon hat durch-blicken lassen, in welche Richtung sich das Unternehmen in Zukunft weiterentwickeln soll und – wenn Sie eine Führungskraft sind – welche Rolle Sie dabei spielen sollen. Besonders bei Leitungsfunktionen wird das Unternehmen an die Besetzung einer Position höhere Erwartungen stellen, als dies aus dem Stellenprofil hervorgeht. Was wird neben den eigentlichen Aufgaben von Ihnen erwartet? Würden Sie zum Beispiel ein völlig zerstrittenes und demotiviertes Team übernehmen, das Ihr Vorgänger jahrelang zermürbt hat?

Sie können den Personalberater auch um eine Einschätzung der wirt-schaftlichen Situation des Unternehmens bitten, speziell, wenn es sich nicht um ein börsennotiertes Unternehmen handelt, über das Sie sich selbst schon anhand der veröffentlichten Umsatz- und Gewinnentwick-lung ein Bild machen konnten. Wo sieht der Headhunter die Stärken des potentiellen Arbeitgebers, wo die Schwächen? Will das Unternehmen den Schwerpunkt seiner Tätigkeit demnächst verändern? In welche Richtung? Stehen Umorganisationen an? Verändert sich gerade die Fir-menphilosophie?

Fragen Sie den Berater ruhig auch danach, wie der Stand seiner Arbeit ist, mit wie vielen Kandidaten er schon gesprochen hat, wie viele noch folgen werden, wie das weitere Vorgehen ist, wann die Entscheidung über die Besetzung der Position fallen soll. Das Gespräch dient nicht nur dazu, dass sich der Berater ein Bild von Ihnen macht, sondern auch umgekehrt.

6 Sie hören dann von uns –
Wie es nach dem Gespräch weitergeht

Sie haben es geschafft, das Gespräch mit dem Personalberater liegt so gut wie hinter Ihnen. Die wichtigsten Eckpunkte sind geklärt. Wie geht es jetzt weiter? Schrauben Sie Ihre Erwartungen nicht zu hoch.

Auch wenn Sie lange miteinander gesprochen haben: Was Sie jetzt nicht erwarten sollten, ist eine Entscheidung!

Am Ende des Gesprächs wird es kein „Ja" oder „Nein", kein Daumen hoch oder runter geben. Allenfalls eine Tendenz können Sie heraushören. Der Personalberater wird sich mit Sätzen wie diesem von Ihnen verabschieden: „Vielen Dank für das Gespräch. Ich schlage vor, wir lassen die Eindrücke dieses Gesprächs erstmal wirken und überlegen beide, ob das passen könnte. Wir telefonieren dann nächste Woche. Einverstanden?" Dies ist nicht die Stelle, an der Sie zu einem verwunderten „Aber …" ansetzen und ein Feedback einfordern sollten. Keine Angst, Sie bekommen eines, aber erst später.

Für den Personalberater beginnt nun der zweite Teil der Arbeit: die Auswertung des Gesprächs. Damit Headhunter angesichts der vielen Gespräche, die sie für eine Position führen, den Überblick behalten, schreiben sie ihre Eindrücke meist unmittelbar nach einem Gespräch auf, um sie später nicht aus der Erinnerung rekonstruieren zu müssen. Haben zwei Berater das Gespräch gemeinsam geführt, besprechen sie ihre Eindrücke und einer von ihnen schreibt den Bericht. Es geht sowohl um die fachlichen als auch um die persönlichen Kompetenzen des Kandidaten. Wie gut kennt er sich in dem aus, was er macht? Wie professionell tritt er auf? Argumentiert er logisch nachvollziehbar oder springt er zwischen verschiedenen Aspekten hin und her, verstrickt sich gar in Widersprüchen? Wie ausschweifend redet er? Kann er im Arbeitsalltag hart durchgreifen? Passt sein Temperament, ob ruhig oder aufbrausend, zum Kunden? Wie gut hat er sich auf das Gespräch vorbereitet?

Fragt man Personalberater, was für sie in dieser Nachbetrachtung entscheidend ist, fällt immer wieder das Wort Authentizität. Hat der Kandidat einen runden Eindruck von seiner Persönlichkeit vermittelt, hat er ehrlich geantwortet – oder hat er anderthalb Stunden eine Rolle gespielt und würde dies auch im Arbeitsleben tun? Und wie sieht das Bild im Vergleich zu anderen Kandidaten aus? Handelt es sich um den besten Kandidaten, mit dem bislang im Suchprozess gesprochen wurde? Oder um einen guten Kandidaten, aber mit einigen Schwächen? Oder eher um einen, der nicht so gut auf die zu besetzende Position passt?

Sind diese Fragen geklärt, steht am Ende die Frage, ob es sich lohnen würde, Sie im zweiten Schritt dem Kunden zu präsentieren. Headhunter betonen immer wieder, dass sie nicht nach einem bestimmten Typ suchen, der ihnen persönlich sympathisch ist. Ziel sei es, dem Kunden möglichst unterschiedliche Typen von Kandidaten zu präsentieren, die alle auf ihre Weise fachlich und persönlich passen könnten.

Manche Personalberater geben Kandidaten schon wenige Tage nach dem Gespräch ein telefonisches Feedback, wie sie gewirkt haben und wie ihre Chancen stehen. Andere Berater warten, bis sie mit allen Kandidaten gesprochen haben und sich der Kunde entschieden hat, wen er persönlich kennenlernen will. Wie das weitere Vorgehen aussieht, erfahren Sie am Ende des Gesprächs. Wenn nicht, fragen Sie nach.

Während der Personalberater weitere Gespräche mit Kandidaten für die Position führt, sollten Sie die Zeit nutzen, um für sich selbst zu klären, ob Sie auch nach diesem Gespräch weiter an einem Wechsel interessiert sind. Hoffen Sie, dass Sie es in die zweite Runde schaffen? Oder wären Sie eigentlich nicht böse, wenn Sie eine Absage bekämen – mal abgesehen von der Tatsache, dass man immer lieber selbst „Nein danke" sagt, als es zu hören? Was spricht für die Position, was dagegen? Gelegentlich hilft es, die eigenen Gedanken in einer Pro- und Contra-Liste zu sortieren, alles, was Ihnen im Verlauf der folgenden Tage einfällt. Auf diese Weise sehen Sie klarer, welche Seite Ihrer Argumente überwiegt. Weil nicht jeder Aspekt gleich wichtig ist: Heben Sie für Sie besonders relevante Punkte optisch oder mit einer größeren Schrift hervor, um sie zu gewichten.

Hat der Personalberater alle Gespräche geführt, wird er die „short list" erstellen: jene Liste mit fünf bis sechs Namen, die ihm am geeignetsten erscheinen. Diese Liste bespricht er anschließend mit seinem Auftraggeber. Gelegentlich leitet er dem Kunden auch seine Berichte und die Unterlagen zu den Kandidaten weiter. Berater und Unternehmen erörtern die Stärken und Schwächen der einzelnen Kandidaten, was sie für die Stelle geeignet erscheinen lässt und was nicht. Der Kunde überlegt, welche Kandidaten er persönlich kennenlernen will, die Liste verdichtet sich dann in der Regel auf zwei bis drei Namen.

Steht fest, wer zu einer zweiten Gesprächsrunde mit dem Auftraggeber eingeladen wird, werden Sie ein weiteres Mal einen „Können Sie sprechen?"-Anruf erhalten. Wie das persönliche Gespräch beginnt auch dieses Telefonat mit ein wenig Smalltalk, um die Atmosphäre aufzulockern. Der Personalberater wird sich noch einmal für das angenehme Treffen bedanken, auch Sie sollten das tun. Falls er es noch nicht getan hat, gibt er Ihnen ein kurzes Feedback, wie er Sie erlebt hat, wie er Ihre Stärken und Schwächen einschätzt. Hören Sie aufmerksam zu, machen Sie sich eventuell Notizen. Und: Lassen Sie ihn ausreden.

Auch wenn Sie kritisiert werden, sollten Sie sich nicht rechtfertigen, warum Sie etwas gesagt oder getan haben. Kritik anzunehmen ist auch eine Stärke. Überlegen Sie, ob der Headhunter wirklich so falsch liegt mit seinen Eindrücken oder ob er einen wunden Punkt getroffen hat, den Sie insgeheim schon kannten. Personalberater sind Menschenkenner. Guten Beratern gelingt es, schon nach einem einstündigen Gespräch ein verblüffend treffendes Bild eines Menschen zu zeichnen. Als Kandidat können Sie aus den Schilderungen einiges darüber lernen, wie Sie auf andere Menschen wirken.

Vergessen Sie nicht: Ein Personalberater ist nicht Ihr Karriereberater. Er prüft, ob Sie für eine offene Position in einem Unternehmen der geeignete Kandidat sein könnten – mehr nicht. Das Telefonat ist kein Coaching, wie Sie Ihre Schwächen abstellen können und für welche Positionen Sie sich sonst noch eignen könnten.

Sie sollten keine halbstündige Beratung erwarten, wie Sie nun am besten weiter vorgehen, um Ihren Traumjob zu bekommen.

Registrieren Sie einfach, wie andere Sie wahrnehmen – daran arbeiten, dieses Bild zu verändern, müssen Sie dann aber alleine oder mithilfe eines professionellen Coachs, nicht mit dem Personalberater.

Schließlich wird der Personalberater Sie wissen lassen, ob Sie es in die nächste Runde geschafft haben, ob der Auftraggeber Sie persönlich kennenlernen möchte. Wenn nicht: Nehmen Sie es nicht persönlich. Eine Ablehnung heißt nicht, dass Sie unqualifiziert oder unsympathisch sind. Es kann daran liegen, dass der Personalberater zu dem Schluss gekommen ist, dass Sie und der Vorgesetzte wahrscheinlich nicht miteinander harmonieren würden. Oder dass das Unternehmen ein Detail in Ihrem Lebenslauf gestört hat oder es aus welchen Gründen auch immer andere Kandidaten für besser geeignet hält.

Ist der Personalberater trotz der Absage von Ihren Qualitäten überzeugt, wird er anbieten, dass Sie lose miteinander in Kontakt bleiben und er Sie für andere Aufträge im Hinterkopf behält. Lose miteinander in Kontakt zu bleiben bedeutet dabei: Der Personalberater wird Ihnen zum Geburtstag und zum Jahreswechsel einige nette Zeilen schreiben. Und Sie können ein- oder zweimal im Jahr nachfragen, ob sich etwas getan hat und wie der Personalberater die Lage auf dem Arbeitsmarkt einschätzt – aber nicht häufiger. Erwecken Sie nicht den Eindruck, Sie bräuchten dringend einen neuen Job, das schmälert Ihre Attraktivität. Davon abgesehen können Sie sich auch dann in Erinnerung bringen, wenn sich bei Ihnen beruflich etwas verändert, Sie zum Beispiel befördert werden oder den Job wechseln.

Der Ortstermin

Wenn es für Sie weiter in die nächste Runde geht, steht das Gespräch beim Auftraggeber auf dem Plan. Sie werden eingeladen, sich ein Bild vom Firmensitz zu machen, mit den möglichen Vorgesetzten und manchmal auch mit Kollegen zu sprechen. Auch der Personalberater ist bei diesem Treffen in der Regel mit dabei, um weitere Eindrücke für seine abschließende Beurteilung zu sammeln. Geht es um eine Stelle in einem Konzern, ist es üblich, dass Sie fünf oder sechs verschiedene Gesprächspartner treffen, die sich alle ein Bild von Ihnen machen wollen: Personalleiter, Teamleiter, Abteilungsleiter, Bereichsleiter, Vorstand – je mehr Gespräche, desto runder wird das Bild von einem Kandidaten, so die Hoffnung der Unternehmen. Bei einem Mittelständler sind zwei bis drei Gesprächspartner üblich.

Der Headhunter nimmt in der zweiten Gesprächsrunde nicht die Rolle des Fragenden ein, sondern ist Zuhörer.

Der Personalberater moderiert das Gespräch an, dann hat der Unternehmensvertreter die Gesprächsführung inne. Als Kandidat werden Sie in dieser Situation viele der in Kapitel 5 beschriebenen Fragekomplexe wiedererkennen. Ihr Gegenüber startet mit ein wenig Smalltalk, stellt dann noch einmal die Eckpunkte der zu besetzenden Position vor und fragt Sie nach den Eckdaten Ihres Lebenslaufs, obwohl er sie schon kennt. Auch nach Stärken und Schwächen wird gerne gefragt.

Der Berater beobachtet unterdessen, wie Sie die Fragen der Unternehmensvertreter beantworten, ob Ihre Aussagen denen gleichen, die er gehört hat. Haben Sie nach dem Gespräch mit ihm etwas an Ihrer Darstellungsweise geändert? Oder sagen Sie in weiten Teilen das Gleiche, antworten authentisch? Manchmal stellt der Personalberater Zwischenfragen, doch dies ist eher die Ausnahme.

Der Unterschied zum ersten Gespräch mit dem Personalberater alleine besteht darin, dass es in der zweiten Runde weitaus konkreter zugeht. Ihr Lebenslauf, besonders erfolgreiche Situationen, Niederlagen – solche vergangenheitsbezogenen Aspekte nehmen einen geringeren Gesprächsanteil ein. In der Hauptsache geht es darum, welche Anforderungen die konkrete Position mit sich bringt, welche Erwartungen das Unternehmen an Sie stellt, wie Ihr Arbeitsalltag aussehen würde.

Spätestens jetzt kommt die Frage, welche Akzente Sie in Ihrer Arbeit setzen wollen. Die Zeit zwischen den zwei Gesprächen sollten Sie deshalb dafür nutzen, sich genauer als für das Gespräch mit dem Personalberater zu überlegen, welche wichtigen Aufgaben Sie in den ersten 100 Tagen in der neuen Position angehen würden, welche Pläne Sie für die nächsten drei bis fünf Jahre haben – sowohl, was die Strategie für das Aufgabengebiet angeht, als auch Ihre persönlichen Karrierepläne.

Machen Sie sich in Runde zwei darauf gefasst, mit vielen hypothetischen Was-wäre-wenn-Fragen konfrontiert zu werden.

Was wäre, wenn der wichtigste Kunde in Ihrem Bereich mit einem Abbruch aller Geschäftsbeziehungen droht, wenn Sie nicht mit den Preisen heruntergehen? Wie weit würden Sie mit sich verhandeln lassen? Wo würden Sie nach Alternativen Ausschau halten? Wie würden Sie reagieren, wenn in einem von Ihnen betreuten Wachstumsmarkt plötzlich der Umsatz ausbleibt, weil es mit der Konjunktur bergab geht oder politische Unruhen die Wirtschaft lähmen? Würden Sie raten, sich aus dem Land zurückzuziehen oder dort die Stellung zu halten? Wie verhindern Sie, dass Mitarbeiter Konkurrenten mit Geschäftsinterna versorgen? Spielen Sie möglichst viele Fragen durch, die je nach Ihrem Beruf und der jeweiligen Position gestellt werden könnten.

Auch die Vertreter des Unternehmens erwarten, dass Sie nicht nur monoton Fragen beantworten, sondern Ihrerseits aktiv werden und Fragen rund um den Wechsel und das Unternehmen stellen. Wenn mit dem Wechsel ein Umzug verbunden wäre, sollten Sie die Gelegenheit nutzen, sich nach den Details und Konditionen zu erkundigen. Inwieweit wäre das Unternehmen dabei behilflich, ein geeignetes Haus oder eine geeignete Wohnung zu finden? Könnten Sie die erste Zeit in einem Hotel oder einer Firmenwohnung leben? Welche Schulangebote gibt es in der Nähe des Unternehmens? Wie sieht es mit Kindergärten aus? Würde der Arbeitgeber beziehungsweise eine auf solche Fragen spezialisierte Agentur Ihnen bei diesen organisatorischen Hürden behilflich sein?

Headhunter berichten, dass Kandidaten dazu neigen, in der zweiten Gesprächsrunde deutlich gelöster aufzutreten, weniger angespannt zu sein, weil sie sich der neuen Position schon recht nahe fühlten. Es in die Runde zwei geschafft zu haben, mag Ihnen Sicherheit verleihen – aber lassen Sie es sich nicht anmerken. Wirken Sie zu selbstsicher, kann das schnell als Zeichen von Arroganz ausgelegt werden, womit Sie sich Ihre Chancen verbauen. Und unterschätzen Sie die Rolle des Personalberaters nicht. Auch wenn Sie schon direkt mit dem Verantwortlichen aus dem Unternehmen sprechen, hat der Headhunter immer noch großen Einfluss darauf, ob sich sein Kunde für Sie entscheidet oder nicht.

Ebenso wie das Gespräch mit dem Personalberater wird auch die Unterredung mit dem Unternehmen höflich, aber unbestimmt enden. Auch wenn Sie noch so überzeugend waren: Das Unternehmen trifft seine Entscheidung erst, wenn es mit allen Kandidaten gesprochen hat. Selbst wenn Sie der letzte in der Runde sind, können Sie trotzdem nicht mit einer sofortigen Entscheidung rechnen. Auch hier gilt: Alle Beteiligten lassen ihre Eindrücke zunächst wirken, die Personalverantwortlichen diskutieren mit dem Personalberater, wer der geeignetste Kandidat sein könnte. Gelegentlich fordern Unternehmen auch noch ein Zweitgespräch an, wenn sie unsicher sind. Dies findet dann in der Regel ohne den Berater statt.

Ist der Gesprächsmarathon überstanden, werden erneut einige Tage Zeit verstreichen, bis Sie erfahren, ob Sie tatsächlich der Wunschkandidat des Unternehmens sind. Im letzten Gespräch sollten Sie erfahren haben, wann eine Entscheidung fallen soll. Drängen Sie nicht auf eine schnelle Antwort, es sei denn, ein Kündigungstermin naht. Nutzen Sie die Zeit lieber, um noch einmal zu hinterfragen, ob sie tatsächlich wechseln wollen und ob ihre Familie dabei hinter Ihnen steht.

Hören Sie länger als angedeutet nichts, könnte dies darauf hindeuten, dass Sie Zweitbester sind und nun gewartet wird, ob die Vertragsverhandlungen mit dem Favoriten gut zu Ende gehen. Lassen Sie einige Tage Karenzzeit verstreichen, bevor Sie sich beim Personalberater erkundigen, ob es Verzögerungen gibt. Er sollte Ihnen offen über den Stand der Dinge Auskunft geben.

Wenn sich das Unternehmen für Sie entschieden hat, informiert es Sie meist selbst darüber. Personalberater neigen dazu, sich in dieser Phase des Suchprozesses zurückzuziehen und abzuwarten, ob die Vertragsverhandlungen erfolgreich verlaufen. Sie erfahren also meist direkt vom Unternehmen, wie das Angebot im Einzelnen aussieht. Welche Vergütung für die Position vorgesehen ist, welches Fixgehalt, welcher Bonus, welche langfristigen Vergütungsanreize. Und an welche Ziele die variable Vergütung geknüpft ist. Sonderleistungen wie Dienstwagen und Pensionszusagen werden ebenfalls vom Unternehmen vorgeschlagen. Gleiches gilt für Urlaubstage und Dienstsitz. Außerdem erfahren Sie die geplante Vertragsdauer.

Wie viel Sie für sich herausschlagen können, hängt nicht nur von der Zahlungsbereitschaft des Unternehmens ab, sondern auch davon, wie Sie mit Ihrem aktuellen Gehalt im Vergleich zu Kollegen dastehen. Werden Sie ohnehin schon überdurchschnittlich bezahlt und wären auch beim künftigen Arbeitgeber in der oberen Gehaltsspanne in Ihrem Bereich angesiedelt, haben Sie weniger Spielraum, als wenn Sie eher unterdurchschnittlich bezahlt werden. Als Faustregel gilt: Zehn Prozent mehr Gehalt bei einem Wechsel auf gleicher Hierarchieebene und gleichem Aufgabengebiet sind ein gutes Ergebnis. Wenn mit dem Wechsel ein Verantwortungssprung verbunden ist, sind auch 20 Prozent oder mehr nicht außergewöhnlich.

Sind Sie unsicher, wie gut oder schlecht das Angebot ist, können Sie den Personalberater zu Rate ziehen. Da er die Vergütungspraxis vieler Unternehmen kennt, kann er Ihnen einen Hinweis geben, ob sich das Angebot eher im oberen oder im unteren Bereich der üblichen Spanne bewegt. Außerdem kann er Ihnen Tipps geben, welche Punkte vielleicht verhandelbar sind und welche eher nicht. Sie können von ihm eine realistische Einschätzung erwarten. Zwar geht es ihm einerseits darum, dass sein Auftraggeber ein gutes Geschäft macht und möglichst wenig für einen neuen Mitarbeiter zahlen muss. Personalberater sind sich aber auch bewusst, dass Kandidaten verärgert sind, wenn sie später feststellen, dass sie über den Tisch gezogen wurden. Außerdem profitieren Personalberater über die übliche Praxis, dass sie ein Drittel des Gehalts als Honorar bekommen, von attraktiven Vergütungspaketen.

In jedem Fall gilt: Verhandeln wird der Personalberater nicht für Sie, das müssen Sie selbst tun.

Eine oder zwei Nachbesserungsbitten wird man Ihnen nicht übelnehmen, aber überspannen Sie den Bogen nicht!

Auch wenn Sie das Gefühl haben, dass der Personalberater Sie voller Inbrust als den am besten geeigneten Kandidaten empfiehlt, dass das Unternehmen Sie unbedingt will: Stellen Sie nicht immer neue Forderungen. Personalberater und Arbeitgeber registrieren es gleichermaßen kritisch, wenn Kandidaten scheinbar jedes Maß verlieren und immer mehr fordern. Irgendwann geht es nicht mehr ums Geld, sondern ums Prinzip. Seien Sie sich bewusst, dass nicht wenige Besetzungen kurz vor dem Abschluss an solchen taktischen Spielereien scheitern. Auch wenn Sie in Verhandlungen stehen, heißt das immer noch nicht, dass Sie die Position schon sicher haben.

Wundern Sie sich nicht, wenn sich das Unternehmen Ihnen gegenüber mit unterschiedlichen Gesichtern zeigt. Mal wird der Personalchef sich zögerlich geben, Ihnen die vom Vorstand vage in Aussicht gestellten Vergütungselemente zu gewähren. Mal hat der Abteilungsleiter von Sonderleistungen erzählt, die angeblich für alle Mitarbeiter gleichermaßen gelten, aber die Personalabteilung weigert sich, das vertraglich festzuhalten. Es gibt viele Interessen in Unternehmen, die nicht immer in einer Stimme münden. Wichtig ist zu wissen, wer Ihr Ansprechpartner ist.

Der Vertrag

Stehen alle Vertragsdetails und es liegt ein unterschriftsreifer Vertrag auf dem Tisch, haben Sie in den meisten Fällen noch einige Tage Bedenkzeit, um Ihre Unterschrift darunter zu setzen. Der Personalberater wird bei Ihnen anrufen, um zu hören, wie der Stand der Dinge ist. Wenn Sie in diesem Stadium noch einen Rückzieher machen, sollten Sie triftige Gründe dafür haben. Und zwar keine, die Sie schon vor Wochen kannten. Ein Headhunter wird es Ihnen beispielsweise extrem übel nehmen, wenn er Sie so weit durch den Suchprozess gebracht hat und nun feststellen muss, dass Ihre Familie doch nicht so umzugswillig ist, wie Sie das immer behauptet haben.

Auch die Vergütung sollten Sie nicht als Grund heranziehen, vorausgesetzt, der Wechsel wäre mit einem Gehaltsplus im üblichen Rahmen verbunden. Tun Sie es doch, sollten Sie sich bewusst sein, dass der Personalberater Sie wohl keinem anderen Unternehmen mehr empfehlen wird. Nutzen Sie ein unterschriftsreifes Angebot nicht, um damit zu pokern und Ihren aktuellen Arbeitgeber unter Druck zu setzen, Ihnen mehr zu zahlen. Sie verbauen sich damit nicht nur die Aussichten auf die zu besetzende Position, sondern auch eine möglicherweise langjährige und vertrauensvolle Beziehung zu einem Headhunter.

Wenn Sie dagegen ein Angebot mit der Begründung absagen, dass Position und Vergütung sehr interessant sind, Sie aber das Gefühl haben, dass die persönliche Chemie zwischen Ihnen und dem künftigen Vorgesetzten nicht hundertprozentig stimmt, lässt sich dagegen schwerlich etwas einwenden.

Ist der Wechsel erfolgreich vonstatten gegangen, werden Sie auch in Zukunft noch gelegentlich einen Anruf von „Ihrem" Headhunter bekommen. Gute Personalberater erkundigen sich in den ersten drei Monaten bei vermittelten Kandidaten, wie sie sich eingelebt haben.

Gelegentlich, vor allem in Führungspositionen, ist auch Teil des Vertragspakets, dass Sie in der ersten Zeit einen Coach von der Personalberatung zur Seite gestellt bekommen, mit dem Sie knifflige Situationen besprechen können – ein Service, den eher die großen Personalberatungen anbieten. Wenn Sie sich solch ein professionelles „Onboarding" wünschen, können Sie das ebenfalls in den Vertragsverhandlungen ansprechen.

Nutzen Sie die späteren Anrufe des Headhunters, um eine dauerhafte Beziehung zu ihm aufzubauen. Bleiben Sie auf seinem Radar und pflegen Sie gleichzeitig Ihr persönliches Netzwerk weiter, damit Sie auch für andere weiter an Sichtbarkeit gewinnen.

7 Ausnahmesituation Audit – Eignungstest für Führungskräfte

Warum Arbeitgeber zu Management Audits bitten

Selbst wer von sich behaupten kann, dass er gerade seinen Traumjob macht und nicht über einen Wechsel nachdenkt, dem kann ein längeres Gespräch mit einem Personalberater bevorstehen. In vielen Unternehmen müssen Mitarbeiter in Schlüsselpositionen in regelmäßigen Abständen ihre Fähigkeiten in einem sogenannten Management Audit, einer Art TÜV für Führungskräfte, unter Beweis stellen. Die Aufforderung, mal in mündlicher, mal in schriftlicher Form, klingt in etwa so:

„Wir sind mit Ihren Leistungen sehr zufrieden. Um Ihre Fähigkeiten in Zukunft noch besser in unserem Unternehmen einsetzen zu können, möchten wir Sie bitten, an einem Management Audit der von uns beauftragten Personalberatung xy teilzunehmen ..."

Ein Management Audit ist ein mehrstündiges Interview, das dazu dient, die Persönlichkeit eines Menschen, sein Entscheidungsverhalten und seine Konfliktfähigkeit einzuschätzen. Arbeitgeber mögen dieses Verfahren, weil sie damit der Entscheidung ein Stück näher kommen, welche Mitarbeiter sich für eine Beförderung eignen könnten. Die Unternehmen führen die Management Audits nicht selbst durch, sondern beauftragen Personalberater damit, um eine möglichst neutrale Beurteilung der Mitarbeiter zu erhalten.

Im Prinzip verläuft solch ein Management Audit ähnlich wie ein gewöhnliches Gespräch mit einem Headhunter. Allerdings dauert es weitaus länger.

Zwei bis drei Stunden Dauer sind für ein Management Audit nicht ungewöhnlich.

Die Gespräche werden deutlich psychologischer geführt als ein klassisches Headhunter-Interview. Das Audit dreht sich nicht um eine konkrete Position, die besetzt werden soll, sondern dient allgemein der Leistungs- und Persönlichkeitseinschätzung, ganz gleich, wann der nächste Karriereschritt ansteht. Wissenstests und Fallstudien kommen im Rahmen von Management Audits nur selten zum Einsatz – wenn, dann allenfalls als Ergänzung. Die Akzeptanz solcher Tests in Managementkreisen ist gering, ein Arbeitgeber könnte wichtige Mitarbeiter mit solchen Methoden verschrecken.

Wundern Sie sich nicht, wenn Sie zu einem solchen Entwicklungsgespräch eingeladen werden, aber nicht von einem „Management Audit" die Rede ist. Weil das Wort „Audit" mitunter als zu hart empfunden wird, nennen manche Personalberatungen das Verfahren auch „Management Appraisal" oder „Management Assessment". In Finanzunternehmen wird gerne der Ausdruck „People Due Diligence" verwendet. In einer gewöhnlichen „Due Diligence" werden die Bücher eines zum Verkauf stehenden Unternehmens geprüft, in der „People Due Diligence" das dahinterstehende Personal.

Als Marktführer in diesem Bereich gilt die Personalberatung Egon Zehnder. Zehnder begleitete in den achtziger Jahren in Argentinien die Privatisierungen und entwickelte ein Verfahren, um Unternehmenslenker zu bewerten. Später wurden die Audits häufig nach Übernahmen und Fusionen genutzt, wenn es plötzlich zwei Manager für eine Position gab. Heute kommen Management Audits auch ohne konkreten Anlass zum Einsatz. Die Unternehmen sehen die Audits mehr und mehr als Teil ihrer Führungskräfteentwicklung.

Für dieses Umdenken gibt es verschiedene Gründe. So wurde früher vielfach unterschätzt, wie wichtig die Mitarbeiter für den Erfolg eines Unternehmens sind. Das hat sich in den vergangenen Jahren grundlegend geändert. Überall ist das Bewusstsein gewachsen, dass es in einer Wissensgesellschaft und in einer von Dienstleistungsunternehmen geprägten Wirtschaft darauf ankommt, dass die richtigen Mitarbeiter an den richtigen Stellen eingesetzt sind. Dass jeder seine Fähigkeiten voll entfalten kann und sich die Investitionen ins Humankapital am Ende in einem finanziellen Gewinn für das Unternehmen auszahlen.

Hinzu kommt, dass im Zuge des demografischen Wandels das Reservoir an guten Mitarbeitern eher kleiner als größer wird. Der Kampf um die besten Köpfe, der „war for talent" – ein Begriff, den die Unternehmensberatung McKinsey geprägt hat – ist in nahezu jedem Unternehmen ein Thema. Es gilt, sich nicht nur auf das Anheuern neuer, vielversprechender Mitarbeiter zu beschränken, sondern auch die bestehende Belegschaft nach bislang unentdeckten Talenten zu durchleuchten und diese möglichst gut zu fördern.

Und noch etwas verstärkt den Trend zu Management Audits: Evaluation ist in Mode.

Ob in der Wirtschaft oder in der Wissenschaft, in der Politik oder in Schulen – es wird geprüft, getestet und gemessen, was das Zeug hält.

Nur Erkenntnisse, die sich in Zahlen und Diagrammen verewigen lassen, sind wahre Erkenntnisse, lautet vielerorts die Devise. Personalabteilungen bilden dabei keine Ausnahme, ganz im Gegenteil. Wenn es darum geht herauszufinden, welche Mitarbeiter besonders gut sind und welche nicht, wollen sich viele Unternehmen nicht mehr wie früher allein auf die Beschreibungen von Vorgesetzten und ehemaligen Arbeitgebern verlassen.

Meist geben Vorstand oder Geschäftsführung den Startschuss für einen Führungskräfte-TÜV und beauftragen eine Personalberatung. Der Gedanke dahinter: Außenstehende bewerten die Mitarbeiter zutreffender als Menschen aus dem Unternehmen. Gefragt ist die Einschätzung von einem unbeteiligten Dritten. Diese Rolle nehmen die Personalberater ein. Sie verfolgen keine Ziele im Unternehmen, sind nicht Teil der internen Ränkespiele, sie können – wenn sie gut sind – objektiv an die Sache herangehen. Und sie sind häufig psychologisch geschult, im Gegensatz zu den Personalverantwortlichen der Unternehmen selbst. Um die Neutralität noch zu erhöhen, führt vielfach nicht ein Berater alleine ein Management Audit durch, sondern zwei gemeinsam.

Es gibt keine Statistiken, wie viele Management Audits jedes Jahr stattfinden. Schätzungen zufolge sind es aber alleine in Deutschland mehrere Tausend. Die Audits machen inzwischen rund zehn Prozent der

Umsätze der Personalberater aus, in einigen Gesellschaften auch deutlich mehr. Fachleute erwarten, dass der Anteil in den nächsten Jahren deutlich steigen wird, weil sich die Personalberatungen unabhängiger vom konjunkturell geprägten Suchgeschäft machen wollen. Mit günstigen Paketpreisen wollen die Beratungsgesellschaften Unternehmen locken, möglichst viele Mitarbeiter beurteilen zu lassen.

Vor allem die großen Personalberatungsgesellschaften führen Management Audits durch. Neben Marktführer Egon Zehnder zählen dazu etwa Heidrick & Struggles, Korn Ferry und Odgers Berndtson. Viele Headhunter bauen derzeit mit Hochdruck die entsprechenden Abteilungen aus oder kaufen auf Assessments spezialisierte Unternehmen hinzu. Wenn Ihr Arbeitgeber Sie bittet, sich von einer kleinen, Ihnen nicht bekannten Personalberatung auditieren zu lassen, erkundigen Sie sich, welche Erfahrung die Gesellschaft damit hat.

> **Suchen Sie im Internet nach Informationen, wie viele Audits die Personalberatung schon durchgeführt hat.**

Fragen Sie Ihren Arbeitgeber, in welchen anderen Unternehmen die Berater bereits Audits gemacht haben. Die Qualität schwankt stark. Ob Sie beziehungsweise Ihr Arbeitgeber eine zutreffende Beurteilung erhalten, hängt sehr damit zusammen, wie gut Ihr Interviewer ausgebildet ist und wie viel Erfahrung er hat.

Die Abteilungen für das klassische Suchgeschäft und jene für Management Audits sind in den Personalberatungsgesellschaften in der Regel getrennt. Die Mitarbeiter, die Audits durchführen, haben vielfach eine stärker psychologisch orientierte Ausbildung als gewöhnliche Headhunter – oder eine entsprechende Zusatzausbildung. Und sie sind häufig schon etwas älter. Besonders Versierte führen jedes Jahr mehrere Hundert Audits durch.

Neben der stärker psychologischen Herangehensweise gibt es noch einen weiteren Grund, warum nicht dieselben Berater sowohl im Such- als auch im Audit-Geschäft arbeiten (sollten): Es gilt, Interessenskonflikte zu vermeiden. Schließlich haben Berater, die Audits durchführen, ein ziemlich gutes Bild von den Führungsmannschaften der verschiedensten Unternehmen. Nicht zu Unrecht fürchten die Auftraggeber von

Audits, dass ein Personalberater einen Mitarbeiter, den er im Audit gut bewertet hat, einem anderen Unternehmen in einem Suchprozess empfehlen könnte.

Wenn Sie zu einem Management Audit geladen werden, kann das vielfältige Gründe haben. Vielleicht ist ein neuer Vorstand ins Unternehmen gekommen, der nun wissen will, mit wem er es auf den untergeordneten Führungsebenen zu tun hat. Vielleicht will auch der Aufsichtsrat schauen, wer aus der zweiten oder dritten Führungsebene am geeignetsten erscheint, in ein paar Jahren den Sprung ins Top-Management zu schaffen. Es kann aber auch sein, dass im Zuge von Einsparungen Stellen im mittleren Management gestrichen werden sollen und eine Personalberatung prüfen soll, auf wen man am ehesten verzichten könnte. Oder es geht darum, nach einer Fusion zu schauen, wer bei den doppelt besetzten Funktionen der geeignetere Kandidat ist.

Wenn Ihnen aus der Ankündigung nicht klar wird, warum Sie zum Management Audit geladen werden, fragen Sie Ihren Vorgesetzten, was dahinter steckt, welches Ziel mit dem Audit verfolgt wird, ob es sich um eine einmalige Angelegenheit handelt oder um ein neues Instrument aus der Führungskräfteförderung, das nun regelmäßig zum Einsatz kommen soll. Auch die Frage, wer außer Ihnen alles aufgefordert wurde, ein Management Audit zu durchlaufen, sollten Sie stellen. Je mehr Sie über die Hintergründe wissen, desto besser!

Der Kreis der Mitarbeiter, die zu einem Audit gebeten werden, ist von Fall zu Fall höchst unterschiedlich. Mal sind es nur fünf Mitarbeiter, mal sind es 500. Mal lässt ein Unternehmen nur den Vorstand durchleuchten, mal auch die Führungsebenen darunter, manchmal sogar auch Mitarbeiter ohne Führungsverantwortung, die im Talentpool eines Unternehmens darauf warten, zum ersten Mal eine Aufgabe mit Personalverantwortung zu übernehmen. Für gewöhnliche Sachbearbeiter- oder Referentenpositionen werden Management Audits dagegen aus Kostengründen nicht veranstaltet. Wenn Sie eine Einladung bekommen haben, können Sie dies in den meisten Fällen – wenn nicht gerade eine Sparrunde ansteht – als Zeichen dafür werten, dass Ihrem Arbeitgeber etwas an Ihnen liegt.

Ein Management Audit findet entweder beim Unternehmen selbst statt oder auf neutralem Boden in den Räumen der Personalberatung. Treffen in Hotellobbys oder Cafés gibt es nicht, da Audits selten unter Zeitdruck durchgeführt werden. Die Managertests werden lange genug im Voraus anberaumt, sodass man in Ruhe nach einem Raum suchen kann, in dem es sich längere Zeit konzentriert miteinander reden lässt.

Wenn der Arbeitgeber zum Audit lädt, trägt er dafür auch die Kosten. Dieser Aspekt muss Sie also nicht kümmern. Es gibt mitunter aber auch Führungskräfte, die selbst auf eigene Kosten ein Audit durchlaufen wollen, sei es, um sich auf ein „offizielles" Audit vorzubereiten oder um ohne konkreten Anlass eine Einschätzung der eigenen Fähigkeiten von einem neutralen Dritten zu erhalten. Letzteres ist grundsätzlich möglich, theoretisch kann jeder Beschäftigte selbst ein Audit bei einer Personalberatung buchen. Die meisten Gesellschaften bieten diese Möglichkeit an. Als Kandidat müssen Sie dann allerdings mit Kosten von mehreren Tausend Euro rechnen.

Noch ein Hinweis: Wenn Sie eine Aufforderung zu einem Management Audit erhalten haben, steht es außer Frage, dass Sie es auch durchlaufen sollten.

Selbst wenn das Schreiben wie eine Einladung formuliert ist: Sie haben in der Regel keine andere Wahl als mitzumachen.

Natürlich kann niemand Sie zwingen, sich dieser Bewertungs- und möglicherweise auch Auswahlsituation zu stellen. Aber wenn Sie absagen, nehmen Sie sich damit alle Möglichkeiten für einen Aufstieg in Ihrem Unternehmen. Bereiten Sie sich sorgfältig auf das Audit vor – dann werden Sie auch gut hindurch kommen.

Was die Kandidaten erwartet

Wenn Ihnen ein Management Audit bevorsteht und wenn mit jedem Tag, den es näher rückt, Ihr Unbehagen wächst: Trösten Sie sich, Sie sind damit nicht allein. Management Audits sind unbeliebt. Selbst gestandene Führungskräfte fürchten die Bewertungsrunden. Wer fühlt sich schon gerne in die Prüfungssituationen aus der Studienzeit und aus den ersten Vorstellungsgesprächen zurückversetzt? Die Skepsis ist durchaus berechtigt: Aufstieg oder Abstieg – in Management Audits werden die Weichen dafür gestellt, wohin sich die Karriere entwickelt. Allerdings betonen Personalberater, dass es in den meisten Fällen nicht um ein Aussieben geht oder gar um eine nachträgliche Rechtfertigung schon getroffener Personalentscheidungen, sondern darum, Anstöße zur persönlichen Weiterentwicklung zu geben.

Grundsätzlich ist es so, dass Menschen, die in strategischen Fragen besonders versiert sind, in einem Audit einen Vorteil genießen, weil das Verfahren ebenfalls auf strategische Entscheidungen und Weichenstellungen ausgerichtet ist. Hinzu kommt, dass Strategen in der Regel geübter sind, sich gegenüber anderen zu artikulieren, frei und flüssig zu sprechen. Wer dagegen vor allem im operativen Geschäft stark ist, nicht gerne über sich selbst nachdenkt oder selten präsentiert, der wird tendenziell ein größeres Unbehagen spüren.

Personalberater betonen, dass sie sehr wohl unterscheiden könnten, ob ein Kandidat tatsächlich etwas kann oder lediglich behauptet, es zu können. Schwätzer kämen nicht per se besser durch ein Management Audit. Nach den Erzählungen der Personalberater kommt es vielmehr darauf an, dass die Kandidaten sich auf das Gespräch konzentrieren. Der größte Fehler sei, wenn jemand ein Audit auf die leichte Schulter nehme.

Wer schon immer unter Prüfungsangst gelitten hat, sollte versuchen, dem gefühlten Druck etwas Positives abzugewinnen. Sehen Sie das anstehende Audit als eine von vielen Herausforderungen im Beruf. Besinnen Sie sich darauf, wie Sie andere kritische Situationen in der Vergangenheit gemeistert haben. Je mehr Sie sich mit der Situation, die auf Sie zukommt, auseinander gesetzt haben, desto sicherer werden Sie auftreten. Und wenn Sie die Nacht vor einem Audit schlecht schlafen, ist das kein Grund zur Panik. Solange es nur eine Nacht ist, wird das dem Gespräch nicht schaden. Wer tage- oder gar wochenlang nicht richtig schlafen kann, sollte allerdings darüber nachdenken, Rat bei einem Psychologen zu suchen.

Personalberater beobachten genau, ob jemand offen in ein Audit geht oder es als Kriegserklärung des Vorstands betrachtet.

Gehen Sie mit der richtigen Einstellung in das Gespräch. Sehen Sie es als ein forderndes Gespräch, das Ihnen aber auch die Möglichkeit bietet, etwas über sich selbst zu lernen. Diejenigen, die das Audit durchführen, werden Ihnen später wahrscheinlich ein erstaunlich zutreffendes Bild davon geben, wie Sie auf andere wirken. In einem Management Audit lernen Sie eine Menge über sich selbst – und dafür sollten Sie Offenheit signalisieren.

„Gegrillt", mit unangenehmen, provokanten Fragen in die Ecke gedrängt werde niemand, darauf legen die Personalberater großen Wert. Was manche Unternehmensberatung im Assessment Center mit Hochschulabsolventen macht, um zu testen, wie belastbar sie sind, empfiehlt sich bei Führungskräften nicht. Kein Manager würde sich solche Fragetechniken lange gefallen lassen. Die Gefahr ist groß, dass der- oder diejenige das Gespräch dann abbricht, woran dem Personalberater nicht gelegen ist. Schließlich muss er dem Auftraggeber später einen Bericht vorlegen.

Worauf sich Kandidaten aber einstellen sollten, ist beharrliches Nachfragen seitens der Interviewer. Standard in solchen Gesprächen ist es, dass sich der Personalberater in einen Punkt im Werdegang verbeißt, einer beruflichen Entscheidung mit immer tiefergehenden Nachfragen auf den Grund geht. Genau dieses beständige Nachhaken zu einem Detail empfinden manche Kandidaten durchaus als „gegrillt" werden.

Anders als in einem gewöhnlichen Interview hat der Headhunter vor Beginn eines Management Audits keine umfangreichen Vorinformationen über Sie. Er hat nicht rechercheriert, sondern kennt lediglich Ihre Eckdaten, die ihm Ihr Arbeitgeber mitgeteilt hat: Name, Alter, Funktion. Mehr will er im Vorfeld nicht über Sie wissen, um möglichst offen in das Audit zu gehen. Keine Studiennoten, keine Arbeitszeugnisse. Er will Sie kennenlernen.

Der wichtigste Rat vor einem Management Audit: Seien Sie ehrlich, schauspielern Sie nicht!

Der Personalberater will wissen, ob Sie über eine längere Zeitdauer hinweg konsistent antworten – ob Sie authentisch sind. Niemand hält es durch, über die Dauer von zwei Stunden eine Rolle zu spielen. Hinzu kommt: Falls der Headhunter später mit Ihren Kollegen und Vorgesetzten über Sie sprechen sollte, was durchaus möglich ist, könnte Ihr sorgsam aufgebautes Bild schnell in sich zusammenfallen.

Es gibt keinen festen Ablauf, wie ein Management Audit vonstatten geht. Nachfolgend ist ein beispielhafter Ablauf geschildert, wie er vielfach stattfindet – was aber so nicht unbedingt auch in Ihrem Fall sein muss. Ein guter Personalberater wird Ihnen am Anfang sagen, in welche Abschnitte er das Gespräch unterteilt. Falls er das nicht tut, können Sie ihn auch danach fragen, um ein Gefühl dafür zu bekommen, wie sich die nächsten Stunden gestalten werden.

 „Erzählen Sie mir bitte kurz, was Sie bislang alles gemacht haben."

Üblich ist, dass der Personalberater den Kandidaten zunächst um einen kurzen Abriss seiner beruflichen Laufbahn bittet. Hier gilt ähnlich wie in einem Gespräch, in dem es um die Besetzung einer konkreten Position geht: Fassen Sie sich kurz. Schildern Sie in maximal einer Viertelstunde die wichtigsten Eckpfeiler Ihres Lebenslaufes, ohne zu sehr ins Plaudern zu geraten und sich in belanglosen Details zu verlieren. Wer die Situation vorher einmal durchgespielt hat, souverän mit ruhiger Stimme und in ganzen Sätzen spricht, an wichtigen Stellen Akzente setzt und unwichtige Stationen weglässt, ist im Vorteil und kann beeinflussen, dass der erste Eindruck des Beraters positiv ist.

Anschließend kommen Personalberater gerne auf die aktuelle Position zu sprechen:

 „Schildern Sie doch einmal, was Sie konkret machen."

Gefragt ist, welche zwei oder drei Aufgaben die wichtigsten im Rahmen Ihrer Tätigkeit sind. Sparen Sie sich, in Ihrer Antwort Routinetätigkeiten wie „E-Mails beantworten" oder „in Meetings sitzen" zu nennen – das ist in jedem Beruf der Fall –, sondern beschreiben Sie, was Sie sachlich machen. Sie arbeiten im Kapazitätsmanagement einer Fluggesellschaft? Was heißt das genau? Führen Sie die Verhandlungen mit potentiellen Partner-Airlines? Gestalten Sie den Flugplan mit? Sorgen Sie dafür, wie sich Ersatz beschaffen lässt, wenn eine Maschine plötzlich wegen eines technischen Defekts nicht abheben kann? Überlegen Sie sich dazu im Vorfeld, welche Schwerpunkte Ihrer Arbeit Sie nennen wollen.

Offene Fragen bieten Ihnen die Möglichkeit, Dinge hervorzuheben, die Ihnen besonders wichtig sind, auf die Sie besonders stolz sind.

Das Gute an offenen Fragen ist: Sie können das Gespräch mit Ihren Antworten lenken!

Zugleich bergen offene Fragen die Gefahr, dass Sie sich auf dünnes Eis begeben und Dinge erzählen, die Sie im weiteren Verlauf des Gesprächs bereuen, weil Sie vielleicht doch nicht so viel darüber erzählen können wie gedacht oder weil sie einen falschen Eindruck von Ihrer Arbeit vermitteln. Was auch immer Sie als Schwerpunkte Ihrer Arbeit bezeichnen, denken Sie daran, dass der Personalberater Ihre Antworten mit etlichen Nachfragen vertiefen wird.

Eine solche Fragenkette kann zum Beispiel lauten:

„Sie haben gesagt, Sie sind verantwortlich für die Kundenzufriedenheit. Was heißt das genau?"

„Was sind die Geschäftsziele in Ihrem Verantwortungsbereich?"

„Wer legt diese Ziele fest?"

„Wie realistisch sind sie?"

„Wie messen Sie die Erreichung dieser Ziele?"

„Wie stellen Sie sicher, dass Ihre Mitarbeiter diese Ziele kennen?"

„Wie kontrollieren Sie die Zielerreichung?"

„Was tun Sie, wenn Sie die Gefahr sehen, dass Sie die Ziele nicht erreichen?"

„Wen informieren Sie dann alles?"

„Wann informieren Sie?"

„Was sagen Sie genau?"

Stellen Sie sich darauf ein, dass der Personalberater mindestens zwei oder drei Bereiche Ihrer aktuellen Tätigkeit auf diese Weise vertieft, um sich ein Bild von Ihrem Verhalten zu machen.

Haben Sie diese Fragerunde hinter sich, ist meist schon die Hälfte der Gesprächszeit vergangenen. Dann geht es weiter zum nächsten Gesprächsschwerpunkt: der Vergangenheitsanalyse. Nun will der Berater positive und weniger positive Erfahrungen aus Ihrem Berufsleben analysieren. Typische Auftaktfragen sind beispielsweise:

„Was waren die wichtigsten Entscheidungen in Ihrer bisherigen Karriere?"

„Was war Ihre strategisch anspruchsvollste Aufgabe?"

„Welchen wichtigen Veränderungsprozess haben Sie ins Leben gerufen?"

„Was ist Ihnen besonders gut gelungen?"

„Wie haben Sie die Unternehmenskultur beeinflusst?"

„Womit sind Sie gescheitert?"

Zu jeder dieser Fragen sollten Sie zwei bis drei Beispiele parat haben, bei denen Sie wiederum jeden Schritt nachträglich rekonstruieren und begründen können.

Machen Sie sich auch hier darauf gefasst, dass der Personalberater Ihre Erfolge und Misserfolge jeweils mit Nachfragen eingehend beleuchten wird:

„Warum war das Projekt Ihrer Meinung nach ein Erfolg?"

„Worauf führen Sie diesen Erfolg zurück?"

„Was haben Sie persönlich dafür getan?"

„Wann hatten Sie die entscheidende Idee?"

„Wie sind Sie dann weiter vorgegangen?"

„Wann haben Sie andere in Ihre Idee eingeweiht?"

„Wen?"

„Warum ausgerechnet diese Personen?"

„Wie hat der- oder diejenige reagiert?"

„Was haben Sie dann getan?"

Und so weiter. Bereiten Sie sich darauf vor, die von Ihnen genannten Ereignisse bis ins kleinste Detail nacherzählen zu können.

Sie sollten in Ihren Erzählungen den Schwerpunkt auf die vergangenen zwei Jahre legen. Zum einen, um nicht den Eindruck zu erwecken, Ihnen sei in jüngster Zeit nichts mehr geglückt. Zum anderen, um Ihre Erinnerungskraft nicht über Gebühr zu strapazieren. Je länger die genannten Ereignisse zurückliegen, desto schwerer wird es Ihnen fallen, auf das beständige Nachfragen des Personalberaters glaubwürdige Antworten zu liefern.

Konzentrieren Sie sich auf berufliche Erlebnisse, sparen Sie Privates aus, solange Sie nicht explizit danach gefragt werden – Sie sitzen schließlich nicht wegen Ihres Familienlebens im Audit, sondern aufgrund Ihrer beruflichen Tätigkeit. Beschreiben Sie sowohl Erfolge als auch Misserfolge immer als eine logische Abfolge von einzelnen Handlungen. Nach dem Motto: Problem, Aktion, Ergebnis. Intuitives Handeln wirkt desorganisiert. Entscheidungen aus dem Bauch heraus, auch wenn sie zutreffend waren, kommen nicht gut an.

> **Reden Sie nicht in der „Wir"-Form, sondern immer in der „Ich"-Form! Sonst bekommen Sie ständig die Nachfrage: „Warum sagen Sie *wir*?"**

Vermeiden Sie es, Erfolge ausschließlich an Umsatz- und Gewinnsteigerungen festzumachen. In einem gewöhnlichen Headhunter-Interview mag ein Personalberater das durchgehen lassen, in einem Audit halten Personalberater jedoch nur allzu gerne entgegen, dass sie ja gar nicht einschätzen können, welchen Einfluss Sie und welchen Einfluss andere auf die monetären Ergebnisse hatten. Konzentrieren Sie sich in Ihren Schilderungen auf Situationen, bei denen Sie deutlich machen können, dass ein Erfolg tatsächlich hauptsächlich auf Sie zurückzuführen ist und für die es neben Umsatz und Gewinn auch noch andere Nachweise gibt, etwa Zuschriften begeisterter Kunden oder die Verlängerung eines Vertrags mit einem wichtigen Lieferanten.

Was Sie wissen sollten: Personalberater bilden in der ersten Hälfte eines Management Audit Hypothesen darüber, was Sie für ein Mensch sind, wie Sie sich im Arbeitsleben verhalten. Im weiteren Verlauf des Gesprächs überprüfen die Berater, ob sie mit ihren Hypothesen über

Ihre Persönlichkeit richtig liegen. Deshalb das beharrliche Nachfragen und der Rat, ehrlich zu antworten.

 „Was wollen Sie in Ihrem Berufsleben noch erreichen? Und was tun Sie dafür, um Ihr Ziel zu erreichen?"

Zum Schluss kommt das Gespräch auf den Ausblick in die Zukunft. Streben Sie nach mehr Führungsverantwortung? Oder wollen Sie sich lieber fachlich profilieren? Wollen Sie ins Ausland? Haben Sie ein Wunschprojekt, das Sie gerne leiten würden? Denken Sie darüber nach, wo sie sich in fünf Jahren bei Ihrem Arbeitgeber sehen würden. Und überlegen Sie sich Antworten, was Sie dafür heute schon tun. Sie sollten deutlich machen können, dass Sie die Initiative ergriffen haben, mit Ihrem Vorgesetzten gesprochen haben, sich intern um einen Abteilungswechsel bemüht haben oder Ähnliches. Dass Sie Ihren Job gut machen, ist Personalberatern zu wenig. Sie wollen sehen, dass Sie für Ihre Ziele auch aktiv werden.

Wenn Sie insgeheim damit liebäugeln, über kurz oder lang den Arbeitgeber zu wechseln, behalten Sie es für sich!

Zwar unterliegt alles, was Sie in einem Management Audit sagen, der Vertraulichkeit. In dem Abschlussbericht, den die Personalberatung für das Unternehmen schreibt, werden keine einzelnen Aussagen zitiert, sondern es wird allgemein gehalten Ihre Persönlichkeit beschrieben. Aber wenn Sie offen über einen Arbeitgeberwechsel sinnieren, wird der Interviewer Sie am Ende seines Berichts wahrscheinlich eher nicht für weitergehende Führungsaufgaben in Ihrem Unternehmen empfehlen, weil er befürchtet, dass Sie diese nicht mit dem nötigen Engagement und der nötigen Loyalität angehen würden.

 „Was würden Sie tun, wenn Sie nicht mehr arbeiten müssten?"

Eine beliebte Frage zum Ausklang eines Management Audits ist die nach dem alternativen Lebensentwurf: Klingt harmlos, ist es aber nicht. Munter von Ihren geheimen Lebensträumen schwärmen sollten Sie lieber nicht. Wenn Sie auf diese Frage antworten, dass Sie erst mal gemütlich in Urlaub fahren würden, kann Ihnen das als Ziellosigkeit ausgelegt werden. Besser, Sie haben einen konkreten Plan B in petto, zum Beispiel den, dass Sie ein Hobby zum Beruf machen wollen, sei es der Mountainbikeverleih auf Kreta oder das Modedesignstudium in London. Berichten Sie, was Sie daran reizt und wie Sie Ihren Plan umsetzen würden. Sagen Sie bloß nicht: „endlich mal wieder Sport machen" oder „mich um die Familie kümmern". Das kann schnell als Zeichen dafür gewertet werden, dass Sie ein katastrophales Zeitmanagement haben und mit mehr Verantwortung früher oder später ausgebrannt aufgeben.

Das Feedback

Nachdem das Management Audit beendet ist, wird der Headhunter Ihnen ein kurzes Feedback geben, wie er Sie einschätzt. Was seiner Ansicht nach Ihre Stärken sind und was Ihre Schwächen. Ob Sie eher dazu neigen, sich über oder unter Wert zu verkaufen. Für welche Art von Aufgaben er Sie für geeignet hält. Und wo Sie im Vergleich zu anderen stehen. Wichtig in dieser Feedbackrunde: Reagieren Sie so souverän wie möglich!

Versuchen Sie nicht, sich zu rechtfertigen und im Gespräch getroffene Aussagen nachträglich zurechtzurücken.

Hören Sie in Ruhe zu, so zeigen Sie, dass Sie mit Kritik umgehen und sich reflektieren können. Sehen Sie es als eine Gelegenheit, ein ehrliches Feedback zu bekommen, etwas, das Sie besonders in höheren Führungsebenen sonst nur selten zu hören bekommen. Wenn es sich um einen guten Berater handelt und Sie ehrlich zu sich selbst sind, werden Sie ohnehin feststellen, dass er in vielen Punkten Recht hat. Nehmen Sie seine Worte als Hinweise darauf, wie Sie auf andere Menschen wirken.

Der Personalberater wird anschließend für seinen Auftraggeber – in der Regel also für Ihren Arbeitgeber – einen Bericht über Sie anfertigen, eine meist drei- bis fünfseitige Beschreibung Ihrer fachlichen und sozialen Kompetenzen und eine Einschätzung, für welche Positionen Sie in Zukunft geeignet sein könnten. Darin finden sich keine Sätze, die einen

Rückschluss darauf erlauben, was Sie im Gespräch konkret gesagt haben, es handelt sich lediglich um eine Interpretation. So steht etwa in solchen Berichten, dass Sie über eine überdurchschnittliche Analyse- und Problemlösungskompetenz verfügen, Ihre Führungskompetenz dagegen noch verbesserungsfähig ist. Woraus der Personalberater diesen Rückschluss zieht, erfährt der Leser nicht. Ähnlich wie Arbeitszeugnisse sind die Berichte höflich und wohlwollend formuliert.

Außerdem legen die Personalberater in ihren Beurteilungen Wert auf den Vergleich mit dem Markt: Wo steht ein Kandidat im Vergleich zu den Besten seiner Branche? Liegt er eher im unteren oder im oberen Mittelfeld? Die entscheidende Frage in dem Abschlussbericht lautet am Ende: Traut die Personalberatung dem Mitarbeiter zu, innerhalb der nächsten zwölf Monate eine größere Aufgabe zu übernehmen? Und wie kann jemand darauf vorbereitet werden?

Unangenehmer als die verbale Beschreibung ist, wenn der Auftraggeber des Audits auch eine Kategorisierung gewünscht hat. Beliebt sind in diesem Fall Diagramme, in denen bildlich dargestellt wird, wo ein Mitarbeiter hinsichtlich der beiden Faktoren Leistung und Potential steht. Was auch immer an den Achsen des Diagramms steht: Diejenigen in dem Kästchen rechts oben sind immer die Besten. Falls Ihr Interviewer nicht von sich aus erzählt, ob sein Bericht in eine solch konkrete Einschätzung mündet oder nicht, fragen Sie ihn danach. Mitunter werden auch Punktwerte errechnet oder Führungskräfte in A-, B- und C-Kategorien einsortiert. Für die Kandidaten ist das wenig hilfreich: Es ist sehr schwer, aus einer solchen Schublade wieder herauszukommen, geben selbst Personalberater zu.

In manchen Fällen bekommen Sie eine Kopie des Berichts, der an Ihren Arbeitgeber geht, in anderen Fällen nicht – das hängt auch damit zusammen, was Ihr Arbeitgeber vorher mit der Personalberatung vereinbart hat. Einen Anspruch darauf haben Sie nicht.

Was, wenn das Fazit Ihres Interviewers, sei es in mündlicher oder schriftlicher Form, nicht so ausgefallen ist, wie Sie das gerne hätten? Wenn er Sie zum Beispiel für (noch) nicht geeignet für einen Karrieresprung hält? Wenn er gar dazu rät, auf Sie zu verzichten, wenn im mittleren Management Personal eingespart werden soll?

Personalberater, die regelmäßig Management Audits durchführen, berichten, dass Kandidaten mitunter schon einmal verärgerte E-Mails an die Berater oder an die Personalabteilung schreiben. Einen Gefallen tun sie sich damit nicht, da einmal getroffene Einschätzungen selten revidiert werden und die Verfahren in den Unternehmen eine hohe Akzeptanz genießen. Klüger ist es, auch wenn es manchmal weh tut, die Audits als ein Werkzeug der Managementdiagnostik zu akzeptieren. Zeigen Sie Selbsteinsicht und tun Sie nicht so, als ob andere Ihre wahren Talente einfach nicht erkennen wollen.

Wenn das Management Audit für Sie schlecht gelaufen ist, überlegen Sie, ob Coaching eine sinnvolle Investition für Sie ist – sei es auf eigene Kosten oder mit Unterstützung des Arbeitgebers. Und bitten Sie Ihren Vorgesetzten, dass Sie nach ein bis zwei Jahren Schonfrist erneut Anlauf nehmen können. Wenn Ihr Chef von Ihnen überzeugt ist, wird er Ihnen eine zweite Chance gewähren.

Lässt der Berater durchblicken, dass Sie – trotz einiger kritischer Punkte – seiner Meinung nach das Zeug für verantwortungsvollere Aufgaben haben, ist das Audit für Sie gut gelaufen. Freuen Sie sich darüber – aber werden Sie nicht ungeduldig. Eine positive Beurteilung heißt nicht, dass Ihr Arbeitgeber Ihnen sofort in den nächsten Tagen eine Position anbietet, die deutlich oberhalb Ihres Hierarchieniveaus angesiedelt ist. Sie sollten das gute Feedback auch nicht zum Anlass nehmen, um eine Gehaltserhöhung einzufordern. Genießen Sie das Lob still und warten Sie ab. Wenn in Ihrem Unternehmen die nächste Beförderungsrunde ansteht oder eine wichtige Position frei wird und intern besetzt werden soll, dürfte Ihr Name auf der Liste wahrscheinlich relativ weit oben stehen.

8   Glossar

Personalberater haben ebenso wie andere Mitarbeiter aus dem sogenannten Human-Resources-Bereich (HR) die Angewohnheit, sich mittels zahlreicher Anglizismen zu verständigen. Das Englisch-Deutsch-
Management-Kauderwelsch wird zwar vielfach von den Verantwortlichen selbst kritisiert, auszurotten war es bislang jedoch nicht, ganz im
Gegenteil, es scheint eher zuzunehmen. Deshalb hier ein Überblick über
die wichtigsten Begriffe der HR-Sprache, mit denen Headhunter gerne
um sich werfen.

Change-Prozess

Kurzarbeit, Entlassungen, weniger Vergünstigungen in der Kantine –
all diese hässlichen Vorgänge lassen sich mit dem Begriff Change-Prozess wunderbar kaschieren. In seiner Mischung aus Deutsch und Englisch bleibt er vage genug, um die Mitarbeiter zunächst nur leicht zu
verwirren. Wird im Gegensatz dazu das Begriffsungetüm „Umstrukturierung" genutzt, sind Besorgnis und Zusammenrottungen auf den
Gängen programmiert, die zu Lasten der Produktivität gehen. Change-
Prozesse werden gerne aufgesetzt, um eine Strategie „zum Fliegen zu
bringen". Auftaktveranstaltungen finden bevorzugt in Kletterparks
statt, wo sich die Mitarbeiter auf das gemeinsame Projekt → com-
mitten. Wenn ein Personalberater im Gespräch fallen lässt, dass bei
seinem Auftraggeber gerade ein Change-Prozess „implementiert"
wird, sollten Sie wachsam sein.

Competencies

Wollen Unternehmen wissen, wie gut oder schlecht ihre Mitarbeiter sind, bewerten sie deren Competencies. Oder: Sie lassen sie von Personalberatern bewerten. Das klingt freundlich, in irgendeiner Weise ist schließlich jeder kompetent. Ob die Fähigkeiten zum Stellenprofil passen, ist eine andere Frage. Die fachlichen Fähigkeiten – Erfahrung im jeweiligen Fachgebiet, Umgang mit einer bestimmten Software – werden meist vorausgesetzt, ohne dass dies einer gesonderten Erwähnung bedarf. Wichtiger für die Aufnahme von Mitarbeitern in die → Talent-Pipeline sind die sozialen Fähigkeiten. Sie herauszufiltern geschieht beispielsweise in → Strategic Assessments, etwa mit Fragen wie: „Mit welchem Team würden Sie am liebsten arbeiten?" Die Begründungen verraten viel über den Antwortenden selbst.

Commitment

Engagement, Hingabe, Verpflichtung – jegliche Übersetzung ins Deutsche wird der Tragweite dieses Begriffs nicht gerecht. Commitment kann allenfalls mit der Atmosphäre verglichen werden, die eine Fußballmannschaft vor dem Elfmeterschießen beschwört, wenn die Spieler sich im Kreis zu Höchstleistungen anspornen („Wir! Sind! Ein! Team!"). Von Führungskräften wird erwartet, dass sie Meister des Commitments sind. Setzt ein Unternehmen einen → Change-Prozess auf, gehört es zum Standardprogramm, alle Mitarbeiter auf ein bestimmtes Ziel zu commiten. Eng mit dem Commitment verbunden ist das schlechte Gewissen. Wenn alle anderen noch fleißig am Rechner tippen, können sich weniger Eifrige schwerlich aus dem Büro schleichen.

Face-to-Face-Dialog

E-Mails, SMS, Anrufe – für wichtige Entscheidungen aller Art sind diese Kommunikationsformen denkbar ungeeignet. Für Personalverantwortliche und Berater gleichermaßen zählt nur eines: der Face-to-Face-Dialog, das persönliche Treffen, das Gespräch von Angesicht zu Angesicht. Was einerseits bedeutet, dass jeder Personalberater einen Kandidaten zunächst vor sich sehen möchte, bevor er ihn einem Kunden empfiehlt. Und auch Sie sollten sich an den Personalerknigge halten. Auf die Frage nach Ihrem Führungsstil sollten Sie unbedingt betonen, mit Ihren Mitarbeitern eine ausgeprägte Face-to-Face-Dialog-Kultur zu pflegen. Dabei gilt: bloß nicht die Hierarchie raushängen lassen. Der Mitarbeiter soll das Gefühl haben, dass es sich um ein Gespräch auf Augenhöhe handelt. Auch wenn er am Ende seine Sachen packen muss.

High-Performance-Kultur

Leistung, Leistung, Leistung. Das ist das Ziel aller → Change-Prozesse. Damit das nicht zu sehr nach einem Vorwand zum Aussortieren von Minderleistern klingt, sorgt zum harten Erfolgsanspruch der Formel „High Performance" das Wort „Kultur" für einen Ausgleich. Das klingt freundlich und zivilisiert, wer denkt da schon an das intensive → Monitoring, das Unternehmen im Hintergrund betreiben? Wenn von einer High-Performance-Kultur die Rede ist, sollten Kandidaten in jedem Fall nachfragen: Wie groß ist der Druck in dem jeweiligen Unternehmen? Drängt der Arbeitgeber weniger gute Mitarbeiter, einen Aufhebungsvertrag zu unterschreiben?

Monitoring

Vertrauen ist gut, Kontrolle ist besser. In einer → High-Performance-Kultur führt das Unternehmen Buch über die Leistungen aller Mitarbeiter. Rendite, Umsatz, Bewertungen von Kunden und Kollegen, Ergebnisse aus Management Audits, die entsprechenden Excel-Listen sind lang. Was die Personalabteilung alles speichert, erfährt der Mitarbeiter im → Face-to-Face-Dialog, dem Mitarbeitergespräch. Am Ende der Bewertung steht wahlweise ein Punktwert oder die Eingruppierung in ein Ampelsystem (grün = super, gelb = geht so, rot = geht gar nicht). Im Fall von Nachwuchskräften wird je nach erreichter Punktzahl anschließend über die Aufnahme in die → Talent-Pipeline entschieden.

Outplacement

Will ein Unternehmen möglichst still Personal abbauen, versucht es, drastische Worte wie „Entlassung" oder „Restrukturierung" zu meiden. Für diesen Zweck gibt es das „Outplacement" – eine Art betreute Kündigung. Mit einer Abfindung und dem Versprechen, dass ein Personal-berater versucht, anderweitig eine Stelle zu finden, wird dem Mitarbei-ter der Abschied erleichtert. Das klingt dann etwa so: „Lieber Mitarbei-ter, nach intensivem → Monitoring mussten wir im vergangenen Quar-tal Ihre Employee Value Proposition downgraden. Wegen des aktuell zu implementierenden → Change-Prozesses sehen wir uns gezwungen, Ihnen ein Outplacement nahezulegen." Doch Vorsicht: Die Headhunter versuchen, den Betroffenen einen anderen Arbeitsplatz zu beschaffen – eine Garantie, dass es klappt, gibt es aber nicht.

Strategic Assessment

Um herauszufinden, welche Mitarbeiter nach einem → Change-Prozess überhaupt noch im Unternehmen verbleiben sollen, empfehlen sich Strategic Assessments: Vorstellungsgespräche für altgediente Mitarbei-ter, auch Management Audits genannt. Durchgeführt werden diese von Personalberatungen und dort speziell von Psychologen in einem → Face-to-Face-Dialog. Fragen nach dem konkreten Vorgehen in typischen beruf-lichen Situationen („Erzählen Sie doch mal, wie machen Sie das eigent-lich?") offenbaren viel über die → Competencies eines Mitarbeiters.

Talent-Pipeline

Man muss sie nicht mögen, aber man braucht sie: die Streber, auch A-Mitarbeiter oder Top-Leister genannt. Sie sind die Hamster, deren Rad niemals stillsteht. Sie sind immer die Ersten im Büro und die Letzten natürlich auch. Ihr → Commitment ist grenzenlos. Sie geben alles, bis zum Burn-out. Das ist gleichzeitig auch das größte Problem: Viele sind mit Mitte Vierzig Frührentner, daher muss in der Talent-Pipeline immer Nachschub vorhanden sein. Potentielle Top-Leister neigen dazu, nicht zu wissen, was um sie herum geschieht. Die Abfrage der „Tagesschau"-Nachrichten vom Vortag ist ein guter Test, mit dem mancher Personal-berater allzu Karrieresüchtige herausfiltern will. Wie jede Röhre hat auch die Talent-Pipeline zwei Öffnungen. Wer angesichts greifbarer Macht zu forsch wird, fällt schnell wieder raus.

Trigger Points

Mediziner bezeichnen mit dem Begriff Trigger Points Punkte in der Muskulatur, die schnell Schmerzen verursachen. Im Arbeitsleben ist das nicht anders: Wenn von Trigger Points die Rede ist, tut es weh. Im → Face-to-Face-Dialog oder im → Strategic Assessment handelt es sich um jene Punkte, die die dunklen Seiten des Lebenslaufes berühren. Warum wurde Mitarbeiter A von seinem Projekt abgezogen? Warum hat Kandidat B so schnell den Arbeitgeber gewechselt? Je wortkarger die Antwort ausfällt, desto mehr bohrt der Berater. Daneben wird der Begriff Trigger Points auch im Sinne von Veränderungshebel verwendet. Dann geht es darum, woran der Mitarbeiter noch an sich arbeiten muss, wenn er nicht Gefahr laufen will, beim nächsten → Change-Prozess ganz schnell von der → Talent-Pipeline ins → Outplacement zu rutschen.

Die Autorin

Julia Löhr, Jahrgang 1976, studierte Betriebswirtschaft und Publizistik an der Universität Mainz. Seit dem Jahr 2007 ist sie Wirtschaftsredakteurin der Frankfurter Allgemeinen Zeitung. Sie berichtet über Unternehmens- und Personalberater und betreut die samstäglichen „Beruf und Chance"-Seiten.